Boris Kouassi

Stratégies de Coopération dans les Réseaux Radio Cognitif

AF196526

Boris Kouassi

Stratégies de Coopération dans les Réseaux Radio Cognitif

De la théorie à la pratique

Presses Académiques Francophones

Impressum / Mentions légales

Bibliografische Information der Deutschen Nationalbibliothek: Die Deutsche Nationalbibliothek verzeichnet diese Publikation in der Deutschen Nationalbibliografie; detaillierte bibliografische Daten sind im Internet über http://dnb.d-nb.de abrufbar.
Alle in diesem Buch genannten Marken und Produktnamen unterliegen warenzeichen-, marken- oder patentrechtlichem Schutz bzw. sind Warenzeichen oder eingetragene Warenzeichen der jeweiligen Inhaber. Die Wiedergabe von Marken, Produktnamen, Gebrauchsnamen, Handelsnamen, Warenbezeichnungen u.s.w. in diesem Werk berechtigt auch ohne besondere Kennzeichnung nicht zu der Annahme, dass solche Namen im Sinne der Warenzeichen- und Markenschutzgesetzgebung als frei zu betrachten wären und daher von jedermann benutzt werden dürften.

Information bibliographique publiée par la Deutsche Nationalbibliothek: La Deutsche Nationalbibliothek inscrit cette publication à la Deutsche Nationalbibliografie; des données bibliographiques détaillées sont disponibles sur internet à l'adresse http://dnb.d-nb.de.
Toutes marques et noms de produits mentionnés dans ce livre demeurent sous la protection des marques, des marques déposées et des brevets, et sont des marques ou des marques déposées de leurs détenteurs respectifs. L'utilisation des marques, noms de produits, noms communs, noms commerciaux, descriptions de produits, etc, même sans qu'ils soient mentionnés de façon particulière dans ce livre ne signifie en aucune façon que ces noms peuvent être utilisés sans restriction à l'égard de la législation pour la protection des marques et des marques déposées et pourraient donc être utilisés par quiconque.

Coverbild / Photo de couverture: www.ingimage.com

Verlag / Editeur:
Presses Académiques Francophones
ist ein Imprint der / est une marque déposée de
OmniScriptum GmbH & Co. KG
Heinrich-Böcking-Str. 6-8, 66121 Saarbrücken, Deutschland / Allemagne
Email: info@presses-academiques.com

Herstellung: siehe letzte Seite /
Impression: voir la dernière page
ISBN: 978-3-8381-7094-7

UNIVERSITE DE NICE-SOPHIA ANTIPOLIS

ECOLE DOCTORALE STIC
SCIENCES ET TECHNOLOGIES DE L'INFORMATION ET DE LA COMMUNICATION

T H E S E
pour obtenir le grade de

Docteur en Sciences
de l'Université de Nice-Sophia Antipolis

Mention : Automatique Traitement du Signal et des Images
Spécialité : Signal et Communications Numériques

présentée et soutenue par
Boris Rodrigue KOUASSI

Stratégies de Coopération dans les Réseaux Radio Cognitif

Thèse dirigée par Luc DENEIRE et Irfan GHAURI
Au Laboratoire d'Informatique, Signaux et Systèmes de Sophia-Antipolis (I3S) - UMR7271 -
UNS CNRS en partenariat avec INTEL Mobile Communications (IMC), Sophia-Antipolis,
soutenue le 25 Octobre 2013

Jury :

Rapporteurs
  M. Pascal Chevalier Prof., CNAM, Expert THALES-Communications, France
  Mme. Aawatif Hayar Prof., ENSEM Université Hassan II, Casablanca, Maroc

Examinateurs
  M. Dominique Noguet Dr., CEA-LETI, Grenoble, France
  M. Florian Kaltenberger Dr., Eurecom, Sophia-Antipolis, France

Encadrants
  M. Irfan Ghauri Dr., Intel Mobile Communications, Sophia-Antipolis, France
  M. Luc Deneire Prof., Université de Nice Sophia-Antipolis, France

UNIVERSITE DE NICE-SOPHIA ANTIPOLIS

ECOLE DOCTORALE STIC
SCIENCES ET TECHNOLOGIES DE L'INFORMATION ET DE LA COMMUNICATION

THESE
pour obtenir le grade de

Docteur en Sciences
de l'Université de Nice-Sophia Antipolis

Mention : Automatique Traitement du Signal et des Images
Spécialité : Signal et Communications Numériques

présentée et soutenue par
Boris Rodrigue KOUASSI

Stratégies de Coopération dans les Réseaux Radio Cognitif

Thèse dirigée par Luc DENEIRE et Irfan GHAURI
Au Laboratoire d'Informatique, Signaux et Systèmes de Sophia-Antipolis (I3S) - UMR7271 -
UNS CNRS en partenariat avec INTEL Mobile Communications (IMC), Sophia-Antipolis,
soutenue le 25 Octobre 2013

Jury :

Rapporteurs
> M. Pascal Chevalier Prof., CNAM, Expert THALES-Communications, France
> Mme. Aawatif Hayar Prof., ENSEM Université Hassan II, Casablanca, Maroc

Examinateurs
> M. Dominique Noguet Dr., CEA-LETI, Grenoble, France
> M. Florian Kaltenberger Dr., Eurecom, Sophia-Antipolis, France

Encadrants
> M. Irfan Ghauri Dr., Intel Mobile Communications, Sophia-Antipolis, France
> M. Luc Deneire Prof., Université de Nice Sophia-Antipolis, France

Remerciements

Tout au long de ces trois années de recherche, j'ai bénéficié de nombreux soutiens grâce auxquelles j'ai pu mener à bien cette étude.

J'aimerais donc tout d'abord remercier chaleureusement mes encadrants, **Luc Deneire**, pour son esprit scientifique et sa pédagogie et **Irfan Ghauri** pour sa vision innovante des nouvelles technologies et sa rigueur. Ils ont tous les deux permis, à travers leurs orientations, de surmonter la plupart des défis rencontrés. Ils représentent de véritables hommes de science qui ont su me faire profiter de leurs expériences ainsi que de leur grande culture scientifique.

J'adresse mes vives remerciements aux membres du **laboratoire I3S** et particulièrement à l'équipe Signet du pôle SIS avec laquelle j'ai passé des moments agréables, sans oublier les membres de l'équipe WCR de **Intel mobile Communications**.

Je signifie également ma profonde gratitude aux membres du département Communications Mobiles de l'institut **Eurecom** pour la très enrichissante coopération, ainsi qu'à **Bassem Zayen** pour ses conseils avisés.

Finalement je témoigne toute ma reconnaissance aux membres du jury pour le temps consacré à l'évaluation de mon manuscrit et pour leur participation, sans oublier la région **Provence Alpes Côte D'Azur** qui à travers la bourse "Région-Entreprise" a contribué à la réalisation de ce projet de recherche.

Je dédie ce manuscrit à mon père **Brou Kouassi**, à ma mère **Adjoua N'guessan** ainsi qu'à tous les membres de ma famille et à mes amis que je tiens à remercier pour le soutien moral et les nombreux encouragements durant les moments difficiles.

Résumé

L'évolution et la multiplication des systèmes de transmission sans fil (e.g., UMTS, WiFi, LTE) accentuent les risques d'interférences et de saturation du spectre électromagnétique. En effet, les réseaux radio actuels utilisent le spectre de façon inefficace, car une bande de fréquence est allouée de façon permanente à une technologie spécifique et elle reste inutilisée en l'absence de transmissions des utilisateurs *primaires*. Étant donné que le spectre radio est une ressource limitée, il va de soi que cette attribution statique des bandes fréquentielles ne sera bientôt plus en mesure de combler les besoins engendrés par l'expansion des systèmes de transmission sans fil.

Cette observation met en évidence la nécessité de repenser les méthodes de transmission actuelles. Ainsi, pour une exploitation optimale du spectre, un système dit *secondaire* pourrait utiliser de façon dynamique les espaces libres dans l'environnement radio, afin d'émettre dans les bandes de fréquence du primaire sans générer aucune interférence. Cette vision des transmissions dite opportuniste constitue l'objectif principal de la radio cognitive, et s'inscrit dans la même optique que notre projet de recherche.

Dans le cadre de notre étude, nous considérons que si les interférences générées par les transmissions secondaires vers les utilisateurs primaires sont connues par l'émetteur secondaire, alors ce dernier peut les compenser à la transmission. Nous proposons de ce fait d'évaluer les stratégies de transmission permettant la coexistence des systèmes primaires (PU) et secondaires (SU) dans les mêmes réseaux radio.

Partant de là, dans la première partie de cette thèse, nous introduisons le contexte général de nos travaux. Plus concrètement, nous abordons les bases théoriques de l'approche radio cognitive (RC), tout en justifiant les orientations techniques (e.g., méthodes multi-porteuses, multi-antennes, le duplex temporel TDD). À partir de ces méthodes, nous nous focalisons sur un scénario de transmission RC *spatial interweave*. La RC *spatial interweave* suggère d'émettre les signaux secondaires dans les espaces vides du primaire à l'aide d'un précodeur linéaire (null-Beamforming). Néanmoins, ce précodage nécessite une connaissance a priori des canaux interférents entre l'émetteur secondaire et les récepteurs primaires. L'échange d'informations entre le PU et le SU étant proscrit dans notre scénario, nous proposons de surmonter ce défi en exploitant l'hypothèse de la réciprocité du canal de transmission MIMO-TDD. Cette hypothèse, fondamentale dans notre étude, permet non seulement de compenser l'absence de coopération entre les terminaux PU et SU, mais aussi de déterminer sans aucun feedback les informations de transmission nécessaires au null-beamforming.

Tout de même, l'utilisation de la réciprocité en pratique n'est pas aussi aisée que dans la théorie, car elle est perturbée par les circuits radio fréquence entre les antennes et le traitement en bande de base. Nous suggérons donc de compenser ces perturbations à travers des méthodes innovantes de calibration relative. Nos algorithmes de calibration relative utilisent les estimations successives du canal et la signalisation afin de restaurer la réciprocité sans aucune modification matérielle dans le système MIMO.

Toutefois, l'un des inconvénients majeurs dans la RC est la barrière que constitue l'implémentation pratique face aux nombreuses hypothèses théoriques. Nous surmontons cette contrainte grâce à l'implémentation pratique de nos solutions (e.g., calibration, précodage) sur la plateforme expérimentale OpenAirInterface. Cette plateforme est basée sur les spécifications LTE (long term evolution), la récente norme des transmissions mobiles, nous permettant ainsi d'évaluer les performances du système RC dans un contexte mono-utilisateur temps-réel et sur des bandes licenciées.

Dans la seconde partie, nous généralisons l'approche RC afin de l'étendre à un système de transmission multi-utilisateurs (MU) et multi-cellulaire. En effet, malgré l'émergence des standards de transmission radio (e.g., 3G, 4G-LTE), le challenge imposé par la progression exponentielle des besoins en terme de débit de transmission de nos jours, conduit à développer des méthodes innovantes de transmission MU. Pour répondre à ces préoccupations, nous suggérons une combinaison des techniques de transmission RC et *massive MIMO* dans un contexte multi-utilisateurs. Le *massive MIMO* est une méthode de transmission multi-antennes à grande échelle, qui exploite un grand nombre d'antennes à la station de base afin d'accroître entre autres les débits de transmission. Les résultats numériques confirment les avantages de cette combinaison et montrent un accroissement des capacités de transmission au secondaire et une atténuation des interférences vers le primaire résultant du précodage *massive MIMO / spatial interweave*. Cette approche possède donc les atouts nécessaires pour relever le défi imposé par la progression exponentielle du trafic cellulaire.

In fine, dans la dernière partie de l'étude nous faisons une synthèse des solutions proposées en illustrant la contribution de ce travail pour la recherche sur l'optimisation des ressources radio à travers la RC, et pour l'évolution des réseaux multi-cellulaires avec interférences.

Abstract

The accelerated evolution of wireless transmission systems (e.g., UMTS, WiFi, LTE) in recent years has dramatically increased the risk of interferences and the radio spectrum overcrowding. Indeed, the spectrum is inefficiently used in the conventional radio networks, since a frequency band is statically allocated to a specific technology and it is unused when there is no transmission from the legacy system called *primary*. Whereas the radio spectrum is a limited resource, this static frequency allocation will no longer be able to meet the increasing needs of bandwidth.

These observations lead to rethink the radio transmission methods. In fact, the spectrum can be optimally used in enabling additional *secondary* users (SU) transmissions, provided the latters do not (significantly) harm the primary users (PU) links. The SU system could exploit dynamically the white spaces in the PU radio environment and then transmit in the same frequency bands. This opportunistic vision of wireless transmissions developed in this thesis is the main aim of Cognitive Radio (CR) systems. CR enables smart use of wireless resources and represents a key ingredient to perform high spectral efficiency. In this context, we assume that if the interferences from SU towards the PU are known at the SU transmitter, then the latter can mitigate his perturbations.

In the first part of this study, we address the general background and the theoretical basis of the CR approach, while justifying the technical orientations (e.g., multi-carriers, multi-antennas, time duplex TDD). Using these techniques, we focus on a *spatial interweave* CR scenario. The spatial interweave CR opportunistically exploits the spatial white spaces to enable secondary transmissions. The latter forms spatial beams using antennas array and precoders, so that there is no interference towards the primary system, hence reusing the spectrum spatially (null-Beamforming). Nevertheless, this precoding requires acquisition of the spatio-temporal crosslink channel state (CS) between the SU emitter and the PU receiver. However, due to the lack of cooperation / feedback between PU and SU in our scenario, we suggest to acquire the CS by using a MIMO-TDD setup thanks to channel reciprocity inherent in such systems. Therefore, the reciprocity hypothesis is fundamental in our study, since it helps to infer the forward channel required for the null-Beamforming, only in using the reverse channel without any feedback.

Furthermore, the practical use of the reciprocity is not as straightforward as in theory, because the global reciprocity is often jeopardized by the nonreciprocal radio frequency front-ends and the coupling effects at the two ends of the link. These perturbations are compensated in our study by innovative total least squares (TLS) based relative calibration algorithms. Our algorithms exploit the training sequences and signaling in order to restore the channel reciprocity without any third equipment or hardware modification.

However, CR is often constrained by the difficulty to integrate the theoretical assumptions in the practical licensed systems. In our study, we propose an implementation of our solutions in the real-time LTE (long term evolution) platform OpenAirInterface. LTE is the recent evolution of cellular standards, it targets high spectral efficiency and is widely adopted. Hence, using LTE specifications in CR allows to evaluate the CR system performances on licensed bands in real-time situation.

Nevertheless, whereas several standards have been designed (e.g.,3G, 4G-LTE) to increase the networks capacity, the exponential growth of users needs in term of bandwidth and throughput, leads to develop innovative multi-users (MU) techniques. Thereby, in the second part of this thesis, we extend the CR system model to a MU and multi-cellular transmission system. Specifically, we suggest a combination of CR techniques and *massive MIMO* approach. The massive MIMO is a large scale antennas transmission method which exploits the large number of antennas at the base station for reliability enhancement, and to dramatically increase the capacity. Subsequently, we investigate the capacity of both PU and SU systems using MU massive MIMO and TDD, then we evaluate the interference cancellation precoders. The numerical results reveal performance improvements and the secondary interferences cancellation using the massive MIMO reciprocity-based precoder in the spatial interweave context. Thereby, this scheme represents an interesting candidate to overcome the exponential cellular traffic growth.

Finally, in the last part, we highlight the main points and solutions developed throughout the study, as well as the contribution of this work for the radio resources optimization and for the evolution of MU wireless transmission systems.

Table des matières

Liste des symboles

M Nombre d'antennes au récepteur

N Nombre d'antennes à l'émetteur

ARCEP Autorité de Régulation des Communications Électroniques et des Postes

AWGN Additive White Gaussian Noise

BBAG Bruit Blanc Additif Gaussien

BER Bit Error Rate

CROWN Cognitive Radio Oriented Wireless Networks

CSI (T / R) Channel State Information (at the Transmitter / at the Receiver)

DCI Downlink Control Information

DL / UL Downlink / Uplink

DPC Dirty Paper Coding

DwPTS / UpPTS Downlink pilot time slot/Uplink pilot time slot

EMOS Eurecom MIMO Openair Sounder

FCC Federal Communications Commission

FDD Frequency Division Duplex

I.I.D Indépendantes et Identiquement Distribuées

LNA Low Noisy Amplifier

LOS Line Of Sight

LTE Long Term Evolution

MAC Medium Acces Control

MCS Modulation and Coding Scheme

MMSE Minimum Mean Squares Error

MSE Mean Squares Error

OAI OpenAirInterface

PBS Station de base primaire

PUSCH Physique Uplink Shared CHannel

PU Primary (licensed) system

RB Resource Block

RC La Radio Cognitive

RF Radio Frequency Front-ends

RLC Radio Link Control

Rx Receiver

SBS Station de base secondaire

SCH SynCHronization symbol

SIW Spatial Interweave

SNR (RSB) Signal to Noise Ratio (Rapport Signal sur Bruit)

SU Secondary (cognitive) system

SVD Singular Value Decomposition

TBS Transport Block Size

TDD Time Division Duplex

TLS Total Least Squares

TM / AM / UM Transparent / Acknowledged / UnAcknowledged (RLC) Mode

TS Time Slot

Tx Transmitter

UIT Union Internationale des Télécommunications

UMTS Universal Mobile Telecommunications System

ZFB Zero Forcing Beamforming

Table des figures

xviii

Liste des tableaux

Chapitre 1

Introduction

Sommaire

1.1 Introduction aux transmissions sans fil

1.1.1 Chronologie

Dans le courant du $19eme$ siècle, des scientifiques tels que James C. Maxwell, Heinrich R. Hertz, Nikola Tesla, Edouard Branly et bien d'autres, ont publiés des travaux novateurs sur les propriétés du champ électrique, du champ magnétique, ainsi que sur la propagation des ondes électromagnétiques. Ces scientifiques avaient déjà entrevue les avantages qu'il y avait à comprendre et à maîtriser la propagation des ondes électromagnétiques. En s'inspirant en partie des travaux préliminaires publiés par ses précurseurs, Guglielmo Marconi a accompli en 1895 une prouesse technologique en effectuant la première transmission longue distance (2.4 Km) sans fil sur des ondes électromagnétiques [11]. Il devint ainsi l'un des précurseurs de la radio télégraphie et bien d'autres innovations [11].

La théorie de la propagation des ondes électromagnétiques a ainsi permis de décrire les caractéristiques essentielles des signaux transmis d'un point à un autre, et a marqué le début des transmissions sans fil.

Cette vision des télécommunications, considérée comme avant-gardiste pour cette période de l'histoire a initié un intérêt grandissant et une véritable expansion des technologies de transmission sans fil utilisant les ondes modulées. Une expansion qui s'est successivement traduite par le développement de la radiodiffusion, de la radiocommunication, de la télédiffusion, des techniques radar pour aboutir plus récemment aux technologies de la téléphonie mobile.

Les graphes de la figure 1.1 traduisent la progression du nombre d'utilisateurs dans la téléphonie mobile durant ces dernières années (de 2006 à 2011). On constate aussi, à partir des estimations faites par l'UIT (Union Internationale des Télécommunications), que le nombre d'utilisateurs cellulaires en 2013 (6.8 milliards) dépassera bientôt la population mondiale [12].

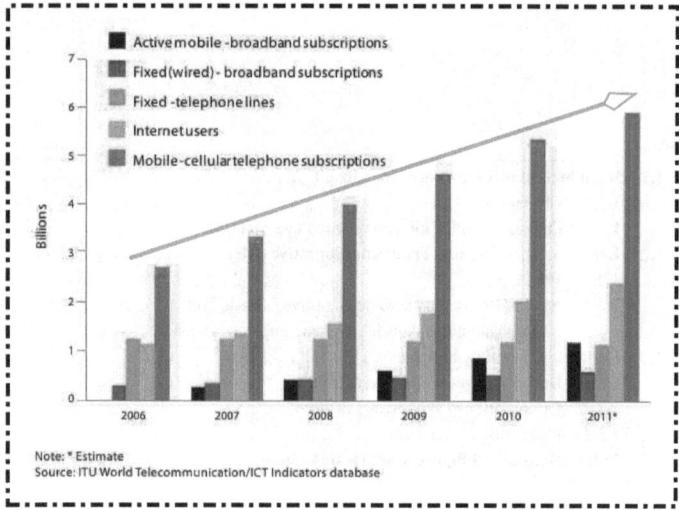

FIGURE 1.1 – *Progression des abonnements à la téléphonie mobile dans le monde de 2006 à 2011.*

La multiplication des technologies sans fil a également engendré une diversification des techniques de transmission, des équipements, ainsi que terminaux d'émission et de réception. Par conséquent, en l'absence de contrôle et de réglementation, l'évolution des transmissions sans fil pourrait accentuer les risques d'interférences entre les systèmes communicant et favoriser une utilisation anarchique du spectre radio fréquence. Somme toutes, l'obligation de réguler l'accès au spectre radio par des organes officielles (gouvernementaux) s'est imposée au fil des années comme une nécessité. La solution généralement adoptée fût l'attribution des parties spécifiques du spectre de fréquence à des utilisations précises, comme illustré sur la figure 1.2 où les bandes de fréquences sont départagées entre une utilisation civile/militaire, l'aviation, ou la téléphonie mobile.

Par ailleurs, cette régulation du spectre électromagnétique confiée à des organisations telles que l'ARCEP (Autorité de Régulation des Communications Électroniques et des

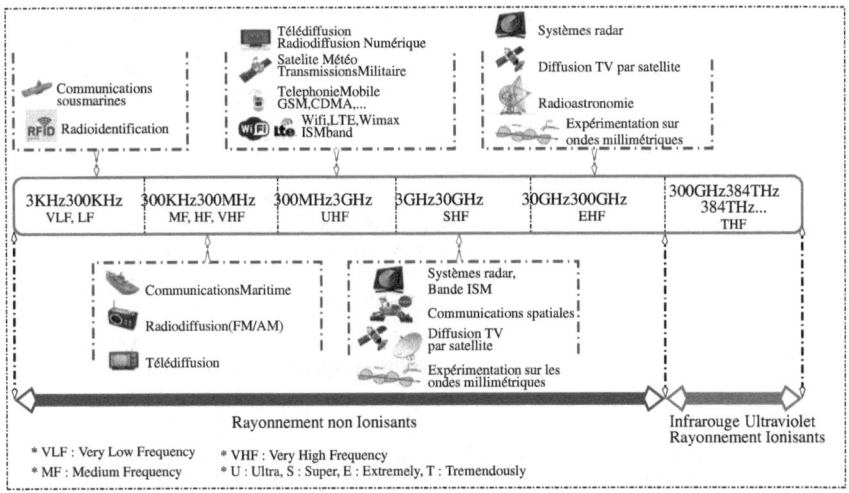

FIGURE 1.2 – *Répartition du spectre radio fréquence en fonction des technologies.*

Postes : *http ://www.arcep.fr/*) en France ou le FCC (Federal Communications Commission : *http ://www.fcc.gov/*) aux États Unies, a rapidement montré ses limites. En effet, la multiplication des moyens de communication sans fil et les évolutions récentes GSM, UMTS, HSDPA, WIFI, WIMAX, Bluetooth, LTE, etc, pour ne citer que celles là, a mis en évidence la nécessité de repenser les méthodes de transmission. Ainsi, le contrôle des bandes fréquentielles par les organes d'état ne sera bientôt plus suffisant pour combler l'expansion des communications sans fil.

1.1.2 Optimiser l'utilisation du spectre : une nécessité

Dans la section précédente nous avons décrit les problèmes engendrés par la multiplication des systèmes de transmission sans fil, l'augmentation du nombre d'utilisateurs et des débits. Nous avons également observé dans la figure1.2 les limitations imposées dans les plages de fréquence du spectre. Ces observations permettent d'affirmer que le spectre radio est une ressource rare qui s'épuise au rythme de la multiplication des standards de transmission sans fil. De ce fait, l'attribution exclusive des plages de fréquences à des technologies spécifiques conduit à une utilisation sous optimale du spectre, puisqu'il est impossible pour d'autre technologies d'utiliser ces plages fréquentielles, même lorsqu'il n'y a aucune transmission du système primaire.

Ainsi, le fait d'optimiser l'utilisation du spectre sans pour autant perturber la réglementation déjà établie, constitue de nos jours un vaste domaine de recherche dans les télécommunications. Diverses solutions sont déjà proposées et d'autres sont en cours d'élaboration. Ces solutions permettant de repenser l'utilisation du spectre sont fédérées autour de différents axes. Certaines approches, en partant de l'observation qu'il est possible d'exploiter les espaces libres dans le spectre, proposent d'y transmettre les données d'utilisateurs non habilités appelés utilisateurs secondaires. D'autres encore préconisent de réduire les perturbations des signaux des utilisateurs secondaires

3

(e.g., puissances d'émission). Toutefois, dans la plupart des cas les utilisateurs primaires (autorisés) ont la priorité d'émettre dans la bande de fréquence et les utilisateurs secondaires exploitent de façon (plus ou moins) dynamique les ressources inutilisées par le primaire. Ces nouvelles visions ont permis d'aboutir à diverses innovations telles que l'attribution dynamique du spectre, les techniques de "sensing" (détection de la disponibilité du spectre), la radio logicielle (SDR : Software Define Radio, dématérialisation à l'aide de programmes informatiques d'une grande partie du traitement matériel).

Notre thèse s'inscrit dans ce vaste domaine de recherche que représente l'optimisation des ressources spectrales. Toutefois, nos recherches se focalisent essentiellement sur les méthodes "Radio Cognitive" (RC), dont l'ambition est de faire cohabiter plusieurs systèmes de communication a priori différents sur les mêmes plages de fréquence [13].

La section suivante abordera plus amplement les principes de l'approche radio cognitive.

1.2 Évolution vers une approche radio cognitive (RC)

1.2.1 Principe

La radio cognitive (RC) fut officiellement introduite par Joseph Mitola III en 1998, lors d'un séminaire à la *Royal Institute of Technology* (Suède, KTH), suivie d'un article paru en 1999 [13]. La radio cognitive constitue une approche innovante des transmissions sans fil et ses applications pratiques font partie des challenges que se sont fixées diverses communautés de scientifiques.

Notre projet de recherche se propose d'explorer les aspects pratiques de la radio cognitive et d'exploiter ses avantages pour une gestion optimale des ressources radio. Le but final étant de faire cohabiter plusieurs transmissions issues de technologies plus ou moins différentes sur les mêmes bandes fréquentielles. Toutefois, il est opportun dans un premier temps de définir la radio cognitive et les contraintes qui s'y rapportent.

La radio cognitive également dénommée : *"radio intelligente"* ou *"dynamic spectrum acess"*, est une approche flexible des transmissions radio, qui exploite en temps-réel les informations disponibles dans son environnement (e.g., canal de transmission, modulations, nombre d'utilisateurs, localisation géographique, puissances d'émission) afin d'établir des communications fiables, quelque soit le moment de la transmission et l'emplacement des terminaux [14, 2, 15].

La radio cognitive a ainsi été introduite pour résoudre les inconvénients liés à saturation du spectre que nous avons abordés dans la section 1.1. Dans cette optique, toute communication radio cognitive de base fait intervenir au moins 2 éléments principaux. Le premier est le système *primaire* qui reçoit de façon permanente une plage spécifique de fréquence attribuée par les organes de contrôle. Le système primaire est donc prioritaire et possède toutes les autorisations pour émettre dans la bande considérée (e.g., GSM, aviation, communication militaire, etc). Le second élément est le système *secondaire*, il regroupe les utilisateurs cognitifs (secondaires) et a pour objectif principal de transmettre dans les mêmes bandes fréquentielles que le système primaire tout en évitant d'interrompre et/ou de dégrader la qualité des transmissions de ce dernier.

La figure 1.3, donne une description de l'approche radio cognitive. On observe que les terminaux secondaires adaptent leurs transmissions de façon dynamique (opportuniste), afin de n'occuper que les zones inutilisées dans la bande de fréquence du primaire.

D'autre part, l'analyse de l'environnement radio et l'adaptation des transmissions secondaires en fonction des informations recueillies, passent obligatoirement par l'implémentation de plusieurs fonctions dans le système radio cognitif [1, 3]. La figure 1.4 inspirée de [1], montre le cycle

4

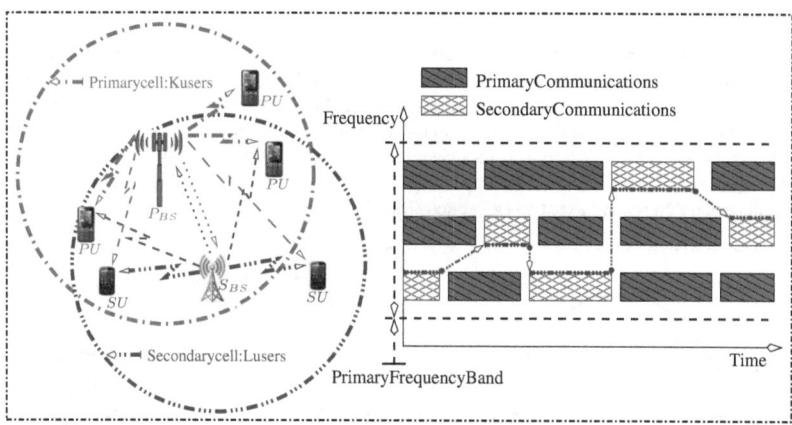

FIGURE 1.3 – *Exemple d'une transmission radio cognitive qui exploite de façon dynamique les espaces non utilisés par le primaire dans le spectre radio.*

d'une communication radio cognitive idéale ainsi que les opérations à prendre en compte.

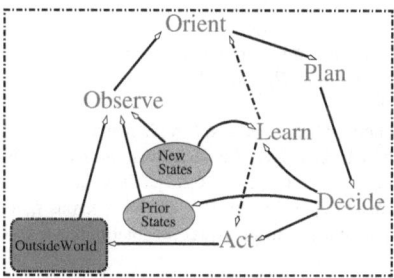

FIGURE 1.4 – *Cycle de cognition généralisé introduit par Mitola [1].*

On observe ainsi que la réalisation d'un dispositif RC amène à considérer de nombreuses fonctions dont :

– *La planification, l'orientation (e.g. la gestion du spectre).*
– *L'observation, la surveillance et l'apprentissage.*
– *La mobilité de spectre, l'acquisition, la perception*, identification en temps-réel des éléments, (connus, inconnus) de l'environnement radio.
– *L'adaptation*, la capacité à répondre promptement au changement d'environnement.
– *La décision, l'action*.

Ainsi, idéalement un terminal RC (*AACR (Aware, Adaptive and Cognitive Radio)* peut entre autres observer, percevoir, détecter, planifier, agir, s'adapter et apprendre de son environnement

5

radio [1, 3].

Il est clair que malgré les avancées notables dans le domaine du traitement de signal et des télécommunications, de multiples contraintes s'opposent à la réalisation pratique d'un système RC idéal, le rendant de fait fastidieux à implémenter. Pour pallier ce problème, la littérature propose une version simplifiée et plus pragmatique du cycle de cognition. Cette version simplifiée est décrite dans la figure 1.5. Elle se focalise principalement sur trois fonctions : l'observation (le sensing), la décision et l'adaptation (l'action) [1, 3, 2]. La figure 1.5 illustre également les actions résultantes à l'émission (Tx) et à la réception (Rx) [2].

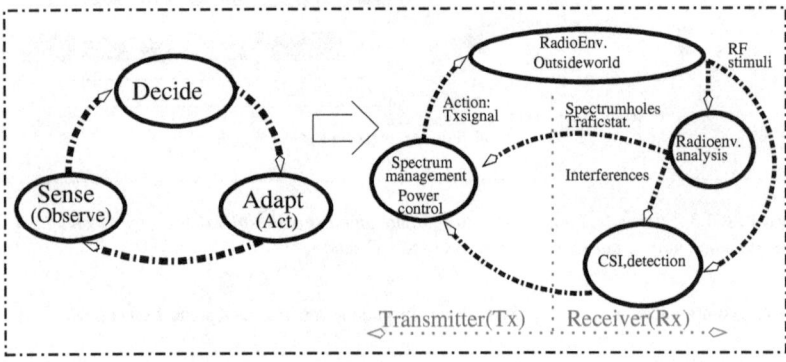

FIGURE 1.5 – *Cycle de cognition simplifié introduit par Mitola et adaptation à un système de transmission pratique développé par Haykin [2].*

Somme toutes, nous pouvons affirmer que l'implémentation pratique de la radio cognitive met en exergue de nombreux challenges. La détermination des solutions adéquates est l'objet de nombreux sujets de recherche (e.g., [2, 3, 16, 17]). Dans la section suivante, nous décrirons la contribution apportée par la classification RC, et nous verrons comment cette classification permet d'aborder la radio cognitive sous un aspect pragmatique.

1.2.2 La classification de la radio cognitive : état de l'art

L'objectif de favoriser une mise en œuvre pratique des fonctions radio cognitives a permis de dénombrer plusieurs approches d'implémentation. La littérature récente [16] classifie les communications RC en trois groupes principaux ci après dénommés : radio cognitive *Interweave*, *Overlay* et *Underlay*.

La radio cognitive InterWeave (IW)

Comme précédemment illustré dans figure 1.3, on constate de façon générale que la majeure partie des ressources radio (e.g., bande fréquentielle) allouée aux utilisateurs primaires n'est pas constamment utilisée par ceux-ci [16]. Cela implique une disponibilité ponctuelle dénommée espace vide ou nul (trou spectral, etc). Ces espaces inoccupés par le primaire, peuvent être exploités de façon opportuniste pour l'émission des signaux cognitifs, d'où la dénomination "communication opportuniste".

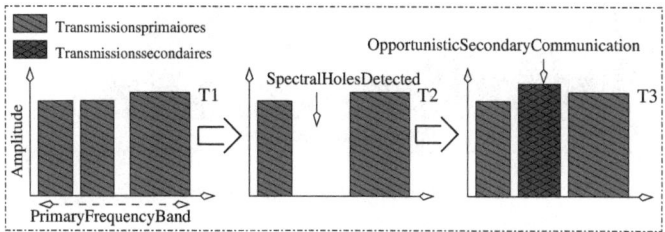

FIGURE 1.6 – *Observation de la radio cognitive INTERWEAVE exploitant les espaces fréquentiels. Le système cognitif adapte son spectre en fonction de l'occupation spectrale du système primaire.*

L'idée de la RC interweave illustrée dans la figure 1.6 est la même que celle des communications opportunistes. Elle propose de détecter plus largement les espaces vides (les trous) dans l'environnement radio et ensuite d'y transmettre les signaux des utilisateurs cognitifs, évitant ainsi toute interférence avec le primaire. Notons que les trous dans l'environnement radio peuvent être de plusieurs natures. Ils peuvent par exemple résider dans le spectre (la bande fréquentielle), dans l'espace (canal de transmission et signaux primaire) où encore dans le temps (absence momentanée de transmission). De ce fait, la RC interweave requiert une connaissance a priori de l'occupation spectrale temporelle ou spatiale des utilisateurs primaire, afin de transmettre sans générer d'interférences, comme l'illustre la figure 1.6.

La radio cognitive Overlay

Cette vision de la radio cognitive met en relief la notion de coopération entre le système primaire et secondaire [16]. On considère dans la radio cognitive overlay que le système secondaire connaît au préalable les spécifications des transmissions primaires. Ainsi, le secondaire pourra décoder une partie ou la totalité des signaux primaires. Cette connaissance a priori des signaux du primaire peut être exploitée aussi bien pour améliorer les transmissions primaires (voir figure 1.7) tout en atténuant les interférences provenant du secondaire vers le primaire, ou encore pour annuler les perturbations des émetteurs primaires sur les récepteurs secondaires.

La RC overlay pourra ainsi allouer une partie de la puissance des émetteurs secondaires pour leurs propres transmissions et une autre partie pour les transmissions primaires, jouant dans certains cas le rôle d'un relais primaire comme illustré dans la figure 1.7. Cette allocation de puissance doit être adaptative dans le but de garder une qualité de service stable dans le système primaire [16].

Par ailleurs, la connaissance a priori des informations du primaire permettra également au niveau du récepteur secondaire d'annuler les interférences des émetteurs primaires à travers plusieurs méthodes (e.g., dirty paper coding DPC [18, 19]). Notons que de cette approche de la RC peut s'intégrer dans un système multi-utilisateur primaire comme une méthode classique d'annulation d'interférences.

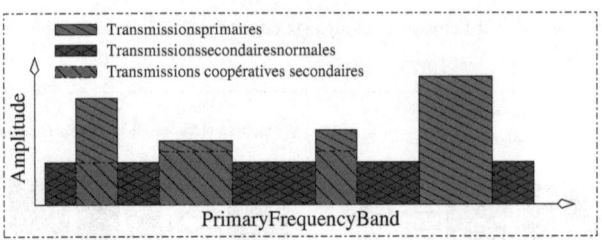

FIGURE 1.7 – *Illustration de la radio cognitive Overlay*

La radio cognitive Underlay

Cette dernière approche décrite dans la figure 1.2.2 propose de transmettre simultanément sur les mêmes bandes de fréquence, les signaux primaires et secondaires, tout en respectant une contrainte de puissance imposée aux émetteurs secondaires. On suppose donc qu'en dessous d'un certain seuil de puissance des émetteurs secondaires, aucune dégradation significative n'est observée sur les transmissions primaires, le but étant de générer le minimum de perturbations possibles sur les terminaux primaires. Ainsi, on n'établira des communications entre les utilisateurs cognitifs que dans le cas où les interférences générées ne troublent pas le système primaire.

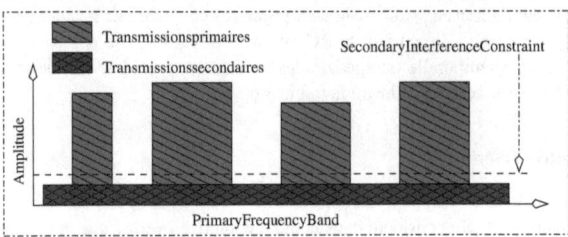

FIGURE 1.8 – *Illustration de la radio cognitive Underlay, les signaux des utilisateurs secondaires sont transmis en dessous d'un seuil de puissance.*

Diverses techniques peuvent donc être employées dans cette approche, notamment les méthodes d'étalement du spectre (CDMA : coded division multiple access) qui permettent de conserver l'essentiel du signal secondaire tout en réduisant les puissances d'émission, et en étalant la spectre du signal sur une bande plus large (voir la figure 1.2.2). On peut également avoir recours aux techniques multi-antennes qui permettent d'optimiser les puissances d'émission et de diriger les signaux secondaires uniquement vers les utilisateurs cognitifs (beamforming [20]).

Même si cette dernière approche est l'une des plus pragmatiques, l'adaptation des puissances d'émission du secondaire passe par sa capacité à estimer le seuil des interférences générées vers les terminaux primaires, et cela n'est pas toujours évident à déterminer du fait des contraintes RC [16]. Pour finir, les contraintes pratiques imposées par la largeur de bande et les puissances de transmission, limitent la capacité de transmission et le débit d'un système RC underlay.

1.2.3 La radio cognitive dans la pratique : implémentation

Radio cognitive (RC) et radio logicielle (SDR)

Grâce à la littérature, nous pouvons observer que des fonctions de la radio cognitive convergent avec certaines innovations telles que la radio logicielle (SDR : software define radio), l'apprentissage AML (Automated Machine Learning), les réseaux de capteurs, etc [3].

Dans la radio logicielle (SDR) certaines fonctions (filtrage, modulation, etc) sont essentiellement effectuées par la programmation (DSP, FPGA, etc). Le but recherché est d'offrir une alternative plus flexible aux systèmes purement matériels afin d'adapter les transmissions. En conséquence, certaines études relèvent les opportunités qu'il y a à associer la SDR au concept plus général de la RC [21, 3].

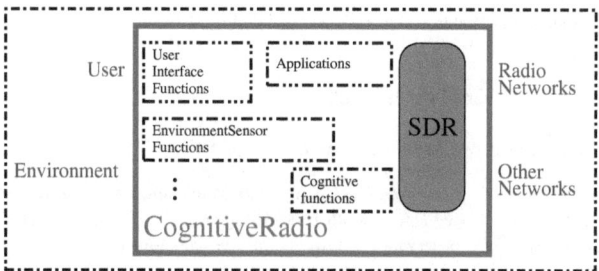

FIGURE 1.9 – *Un terminal AACR minimal intégrant une partie SDR [3]*.

La figure 1.9 décrit l'architecture d'un terminal radio cognitif AACR intégrant la radio logiciel SDR. Cette association montre qu'il est possible de combiner les avantages des techniques de transmission déjà existantes afin d'améliorer les capacités de la radio cognitive. Nous aborderons dans la section suivante les différentes implémentations de la radio cognitive dans la pratique.

Implémentation de la RC

Ces dernières années ont été caractérisées par des études de plus en plus élaborées sur les technologies RC. On a non seulement assisté à un intérêt grandissant mais aussi à la création de divers groupes de standardisation ainsi que des efforts d'implémentation pratique. Dans cette optique, plusieurs groupes de travail ont été créés pour la standardisation RC [22], par exemple : le IEEE 802.22 WRAN (working group for the wireless regional area network). Ce standard RC ambitionne d'utiliser les espaces vides alloués à la télévision analogique pour les technologies RC. La littérature met en exergue d'autres standards tels que le IEEE-SCC41 (Standards Coordinating Committee 41) pour les réseaux avec un accès dynamique au spectre.

Les énormes possibilités d'application de la RC ont suscité un intérêt grandissant des compagnies de télécommunication ainsi qu'opérateurs de téléphonie, qui focalisent désormais leurs divisions de recherche et développement sur l'exploration des avantages de la radio cognitive.

Il en résulte donc naturellement une multiplication des projets et des plateformes expérimentales visant à étudier les possibilités d'implémentation. A titre d'exemple, nous pouvons citer le projet Canadien CORAL (CR learning platform), basé sur la WiFi (IEEE-802.11g/a), la plateforme matérielle USRP (universal software radio peripheral), ainsi que la plateforme WARP (wireless open-access research platform, logicielle/matérielle), qui est un système RC conçu par l'université de Rice (Rice University) [23, 24].

La littérature dénombre également de nombreuses autres plateformes (voir e.g. [23] et les références associées). On observe généralement que la plupart de ces plateformes possèdent leurs propres architectures physiques (PHY) et liaison de donnée (e.g. MAC : Media Access Control), se basent sur la Wifi, ou fonctionnent sur les bandes ISM (industrial, scientific and medical) qui ne nécessitent aucune autorisation. Cependant, la plateforme OpenAirInterface [8] développée par l'institut EURECOM permet l'expérimentation des méthodes "radio cognitif" sur les bandes autorisées de la norme LTE (Long Term Evolution), le nouveau standard des télécommunications cellulaires. En outre, la LTE apporte sans conteste des avantages en termes d'efficacité spectrale de flexibilité, et de fiabilité [25]. Il est donc tout à fait raisonnable que nous envisagions dans la suite de notre thèse une association des avantages de la LTE et de la RC comme pour la SDR [26, 27].

1.3 Contexte général de la thèse

1.3.1 Description du projet de recherche

Comme nous venons de le montrer, les réseaux radio actuels utilisent le spectre radio de façon inefficace car une bande de fréquence est attribuée de façon fixe et est inutilisée en l'absence de l'utilisateur primaire. Cette observation nous a permis de conclure que pour une exploitation optimale du spectre radio, un utilisateur dit secondaire pourrait utiliser la bande libérée momentanément.

Cette vision constitue l'objectif principal de la radio cognitive en général et notre projet de recherche s'inscrit dans la même optique. Nous remarquons que si les perturbations causées par l'utilisateur secondaire sont connues par l'utilisateur primaire, ce dernier peut la soustraire (annulation d'interférence) et donc garder son débit de données utile. De même, si les interférences générées vers l'utilisateur primaire du fait des transmissions secondaires sont connues par l'émetteur secondaire, alors ce dernier peut également les anticiper de sorte à les compenser (précodage, beamforming à l'émetteur). Le but final étant de permettre aux utilisateurs primaires et secondaires de transmettre simultanément dans un réseau radio cognitif.

Toutefois, pour effectuer cette annulation mutuelle d'interférences, les différents utilisateurs doivent dans certains cas partager des informations (e.g., connaissance a priori des messages de l'autre utilisateur, etc). Partant de là, ce projet de recherche consistera également à explorer les stratégies de coopération (les informations à partager) pour permettre l'utilisation de réseaux cognitifs où les utilisateurs primaires et secondaires émettent simultanément, avec toutes les contraintes qu'impose un tel challenge, notamment :

– La priorité des transmissions primaires.
– L'absence partielle ou totale de coopération entre les utilisateurs primaires et secondaires.
– L'annulation des interférences du lien secondaire vers le lien primaire.
– La définition d'un scénario pratique d'annulation d'interférence.
– L'étude et la réalisation du scénario RC sur la plateforme expérimentale OpenAirInterface.
– La non-réciprocité du canal de transmission ainsi que des chaînes radio fréquences.
– La nécessite d'une auto-calibration.
– L'évolution vers un scénario multi-utilisateur.

Notons par ailleurs que cette thèse de Doctorat a été initiée grâce à une bourse Région-Europe-Entreprise (Région : **Provence-Alpes-Côte d'Azur**) plus globalement dans le but de renforcer les connaissances et les compétences dans le domaine des télécommunications sans fil. Ces recherches s'inscrivent dans la droite ligne de la "Telecom Valley", ainsi que du projet ICT-Labs de Sophia-Antipolis. La conception et la mise en œuvre du projet de recherche a vu la participation de plusieurs partenaires :

- **L'Université de Nice Sophia-Antipolis (UNSA)**, l'école doctorale STIC.
- Le **Laboratoire d'Informatique, Signaux et Systèmes de Sophia-Antipolis (I3S)**, le lieu des recherches.
- L'entreprise **INTEL Mobile Communications (IMC)** le partenaire socio-économique (initialement l'entreprise **INFINEON**).
- L'institut **Eurecom** qui a contribué à l'évaluation en temps-réel de notre implémentation RC et de nos algorithmes à travers sa plateforme expérimentale OpenAirInterface.

1.3.2 Organisation et synopsis de la thèse

Le présent manuscrit s'organise autour de 6 chapitres dont le premier introduit le contexte général de la thèse, les autres étant répartis comme suit :

Chapitre 2 : Modèle de Transmission Radio Cognitif

Dans le Chapitre 2, nous introduirons plus concrètement l'idée de la radio cognitive développée dans cette thèse. Nous aborderons les bases théoriques de notre approche, tout en justifiant nos choix, notamment l'utilisation des techniques multi-porteuses, des méthodes multi-antennes, du duplex temporel TDD, etc. À travers ces méthodes, nous illustrerons un scénario de transmission RC permettant d'émettre des interférences nulles en direction du système primaire à l'aide d'un précodeur linéaire (null-Beamforming). Ce scénario exploitera en outre l'hypothèse de la réciprocité du canal de transmission en TDD afin de déterminer l'état du canal de transmission et de compenser l'absence de coopération entre les terminaux primaires et secondaires. Cependant, cette réciprocité étant perturbée en pratique par les filtres des circuits radio fréquence (RF) à l'émission et à la réception, nous introduirons dans le Chapitre 3 des méthodes de calibration permettant de compenser les perturbations des circuits RF.

Chapitre 3 : Réciprocité du Canal : Considérations Pratiques

Après avoir révélé dans le Chapitre 2 l'importance de la réciprocité du canal de transmission TDD qui est un élément clé dans notre scénario RC, nous introduirons dans le Chapitre 3 les perturbations s'opposant à la réciprocité en pratique, notamment l'effet des filtres RF. Nous étudierons plus généralement dans un premier temps les diverses sources possibles de destruction de la réciprocité, tout en proposant des solutions innovantes de calibration. Ces solutions permettront ensuite de restaurer la réciprocité du canal de transmission en pratique. Et cette réciprocité sera exploitée afin de lever plusieurs contraintes e.g., le manque de coopération entre les utilisateurs primaires et secondaires, l'acquisition des canaux de transmission pour le null-beamforming. Nous remarquons finalement que les algorithmes de calibration permettent la réalisation pratique du précodage radio cognitif.

L'étape suivante consistera à évaluer et à implémenter toutes les solutions pratiques (calibration, précodage, etc) dans la plateforme expérimentale OpenAirInterface.

Chapitre 4 : Radio Cognitive Spatial Interweave : Implémentation sur une Plateforme LTE

La cohabitation entre le système primaire et secondaire sur des bandes autorisées constitue l'un des objectifs de base de la radio cognitive. En outre, l'un des inconvénients majeurs des approches radio cognitives est la barrière que représente l'implémentation dans un système pratique face aux nombreuses hypothèses théoriques. Notre thèse envisage de dépasser cette barrière et propose une implémentation pratique de notre scénario théorique.

Ainsi, le Chapitre 4 décrira de façon concise l'implémentation de notre approche RC sur la plateforme expérimentale OpenAirInterface basée sur les spécifications LTE (long term evolution), la dernière norme des télécommunications mobiles. Sur la plateforme OpenAirInterface, nous appliquerons nos algorithmes de précodage et de calibration que nous évaluerons par la suite à travers les performances dans un système temps-réel. Cependant, le scénario étant évalué dans un cadre mono-utilisateur, le Chapitre 5 permettra d'étendre les applications de notre système RC à un système multi-utilisateurs.

Chapitre 5 : Scénario Radio Cognitif Multi-Utilisateurs : Massive-MIMO

Après avoir illustré les performances d'une implémentation radio cognitive "spatiale interweave" dans un système de transmission mono-utilisateur, ce chapitre nous permettra de généraliser notre approche en l'étendant à un système de transmission multi-utilisateurs multi-cellulaire.

D'autre part, malgré l'émergence des standards de transmission radio (e.g., 3G, UMTS, 4G, LTE), le challenge imposé par la progression exponentielle des besoins en terme de débit de transmission de nos jours conduit à repenser les méthodes de transmission multi-utilisateurs. Face à ce challenge dans un contexte multi-utilisateurs, nous suggérons dans ce chapitre d'optimiser l'utilisation du spectre électromagnétique à travers une association des méthodes de transmission radio cognitives et massive MIMO. En effet, le massive MIMO est une méthode de transmission multi-antennes à grande échelle qui exploite un grand nombre d'antennes à la station de base afin d'accroître les capacités de transmission et d'améliorer la fiabilité.

Tout au long de ce chapitre, nous décrirons les bases de cette approche MIMO à grande échelle et nous illustrerons les avantages d'une association avec des méthodes radio cognitives pour une utilisation optimale du spectre radio.

Chapitre 6 : Conclusions et Perspectives

Le Chapitre 6 fera la synthèse des solutions proposées tout au long de cette thèse sur les stratégies de transmission dans la radio cognitive spatial interweave. On indiquera les observations fondamentales ainsi que l'essentiel des résultats théoriques et pratiques.

Ces observations permettront finalement de définir les perspectives et les orientations pouvant éventuellement être approfondies dans d'autres sujets de recherche.

1.3.3 Notations

Nous considérerons les notations suivantes tout au long du manuscrit :

Symbol	Description
$*$	Convolution
$\otimes$	Produit de Kronecker
$\circ$	Produit de Hadamard
δ	La fonction impulsion (Dirac)
$o(.)$	Notation petit-o ! ! !
$\mathbb{E}[\bullet]$	L'espérance mathématique
$\mathbb{N}, \mathbb{R}, \mathbb{C}$	Ensembles des nombres entiers, réels et complexes
$\mathcal{CN}$	Distribution Normale Complexe
c	Scalaire réel ou complexe
$\mathbf{v}$	Vecteur
$\mathbf{M}$	Matrice
$\mathbf{M}^T$	Matrice transposée de $\mathbf{M}$
$\mathbf{M}^*$	Matrice conjuguée de $\mathbf{M}$
$\mathbf{M}^H$	La conjuguée Hermitienne de la matrice $\mathbf{M}$
$\text{tr}(\mathbf{M})$	Trace de la matrice $\mathbf{M}$
$\mathbf{M}^{-1}$	La matrice inverse de la matrice carrée $\mathbf{M}$
$\mathbf{M}^\dagger$	Pseudo-inverse de Moore-Penrose de $\mathbf{M}$
$vec(\mathbf{M})$	La vectorisation de la matrice $\mathbf{M}$
$\mathscr{F}^{-1}\{\mathbf{M}(\nu)\} = \mathbf{M}(\tau)$	La transformé de Fourier discrète inverse de $\mathbf{M}(\nu)$
$\mathscr{F}\{\mathbf{M}(\tau)\} = \mathbf{M}(\nu)$	Discrete Fourier transform of matrix $\mathbf{M}(\tau)$

TABLE 1.1 – Table des notations

1.4 Publications scientifiques résultant de l'étude

Nos recherches ont également permis la rédaction des articles scientifiques suivants :

Articles de journaux et magazines

* 2013 : B. Kouassi, B. Zayen, R. Knopp, F. Kaltenberger, D. Slock, I. Ghauri, F. Negro and L. Deneire. *"Design and Implementation of Spatial Interweave LTE-TDD Cognitive Radio Communication on an Experimental Platform"*. IEEE Wireless Communications Magazine : "Next Generation Cognitive Cellular Networks".

* 2013 : Francesco Negro, Boris Kouassi, Irfan Ghauri, Luc Deneire, and Dirk T.M. Slock. *"Transmission Techniques and Channel Calibration for Spatial Interweave TDD Cognitive Radio Systems"*. Submitted to JSAC-2013.

Articles de conférences

* 2013 : Boris Kouassi, Dirk Slock, Irfan Ghauri and Luc Deneire. *"Enabling the Implementation of Spatial Interweave LTE Cognitive Radio"*. Submitted to European Signal Processing Conference (EUSIPCO-2013), Marrakech, Morocco.

* 2013 : Boris Kouassi, Irfan Ghauri and Luc Deneire. *"Reciprocity-Based Cognitive Transmissions using a MU Massive MIMO Approach"*. IEEE International Conference on Communications (ICC-2013), Budapest, Hungary.

* 2012 : B. Zayen, B. Kouassi, R. Knopp, F. Kaltenberger, D. Slock, I. Ghauri and L. Deneire. *"Software Implementation of Spatial Interweave Cognitive Radio Communication using the OpenAirInterface Platform"*. IEEE International Symposium on Wireless Communication Systems (ISWCS-2012), Paris, France.

* 2012 : FP7 CROWN Proj. *"Spatial Interweave Demo Implementation in OpenAirInterface Platform"*. Future Network & Mobile Summit 2012, Berlin, Germany.

* 2012 : Boris Kouassi, Irfan Ghauri and Luc Deneire. *"Estimation of Time-Domain Calibration Parameters to Restore MIMO-TDD Channel Reciprocity"*. ICST International Conference on Cognitive Radio Oriented Wireless Networks (CROWNCOM-2012), Stockholm, Sweden.

* 2011 : Boris Kouassi, Bassem Zayen, Irfan Ghauri and Luc Deneire. *"Reciprocity Calibration Techniques, Implementation on the OpenAirIterface Platform"*. Cognitive Radio & Advanced Spectrum Management (COGART-2011), Barcelona, Spain.

* 2011 : Boris Kouassi, Irfan Ghauri, Bassem Zayen and Luc Deneire. *"On the Performance of Calibration Techniques for Cognitive Radio Systems"*. Wireless Personal Multimedia Communications Symposium (WPMC-2011), Brest, France.

Première partie

Scénario Radio Cognitif : Considérations Pratiques et Implémentation

Chapitre 2

Modèle de Transmission Radio Cognitif

2.1 Introduction

Dans ce chapitre, nous décrirons les bases théoriques de notre approche radio cognitive (RC) en proposant un scénario de transmission RC interweave, ensuite nous étudierons les différentes contraintes liées à la réalisation pratique du scénario proposé.

Ce chapitre illustrera également les diverses méthodes de transmission utilisées dans le scénario RC (e.g., les systèmes multi-antennes : MIMO, la modulation par porteuses orthogonales : OFDM, ou encore le duplex temporel : TDD). Cela nous permetra de mettre en évidence les avantages qu'il y a à combiner les méthodes telles que l'OFDM et le MIMO dans notre étude [28]. En effet, d'une part, l'OFDM permettra la simplification des procédures d'égalisation, de transmission et réception. D'autre part, grâce aux méthodes multi-antennes, nous définirons un précodeur permettant l'annulation des interférences générées par le système secondaire en direction du système primaire (null-beamforming).

Le scénario exploitera en outre l'hypothèse de la réciprocité du canal de transmission en TDD afin de déterminer le canal de transmission indispensable à la réalisation du null-beamforming RC et de compenser l'absence de coopération entre les terminaux primaires et secondaires.

2.2 Bases théoriques du système de transmission

2.2.1 Contexte et scénario RC

Il est important de rappeler qu'un système radio cognitif de base met en œuvre 2 intervenants principaux, le premier est le système primaire qui est prioritaire et possède toutes les autorisations pour transmettre dans une bande spectrale considérée. Le second système est défini comme le système secondaire, ils regroupe l'ensemble des utilisateurs cognitifs dont le but est de parvenir à transmettre dans les mêmes bandes que celles du système primaire, mais en évitant d'interrompre, et/ou de dégrader les transmissions et la qualité de service (QOS) de ce dernier. Notons que le système primaire est généralement représenté par des systèmes possédant une licence dans la bande de fréquence (e.g., GSM, LTE). Ainsi, l'avantage d'une approche radio cognitive est qu'elle optimise l'utilisation du spectre, tout en évitant les modifications restrictives dans des systèmes de communication existants.

La figure 2.1 décrit les différentes transmissions primaires et secondaires dans un contexte radio cognitif (RC), elle illustre également les interférences mutuelles entre systèmes. On observe ainsi que les contraintes sont principalement imposées au système secondaire.

Pour une approche pragmatique, nous supposerons la plupart du temps dans notre étude, que les transmissions ont lieu dans le cadre d'une communication cellulaire. Partant de là, chaque système possède au minimum une station de base (P-BS : station de base primaire, S-BS : station de base secondaire) et un utilisateur (P-MU : utilisateur primaire, S-MU : utilisateur secondaire) (voir la figure 2.1).

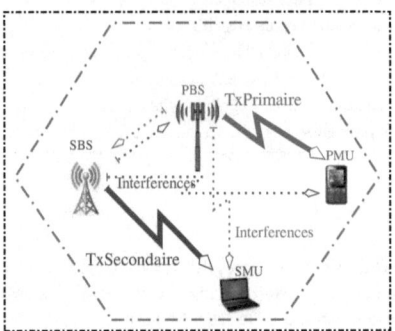

FIGURE 2.1 – *Introduction au scénario radio cognitif*

Les interférences illustrées sur la figure 2.1, nous permettent d'affirmer que l'efficacité de la méthode RC sera déterminée à partir de sa capacité à compenser les interférences entres systèmes. L'objectif principal est de transmettre les données du système secondaire dans les mêmes bandes de fréquence que celles du primaire, tout en évitant de gêner le fonctionnement normal de celui-ci. Pour ce faire, nous supposerons dans un premier temps que le primaire ignore totalement l'existence du secondaire. Ensuite une méthode d'annulation des interférences sera définie uniquement au niveau du système secondaire.

Notre stratégie consiste à identifier, grâce aux signaux primaires, les espaces vides non utilisés dans l'environnement radio (canal de transmission) du primaire, dans le but de transmettre les signaux des utilisateurs secondaires. Cette idée s'inspire des études préliminaires (e.g., [29]), qui montrent la possibilité d'exploiter le degré de liberté spatial dans un système multi-antennes. Partant de là, diverses études RC ont évalué la possibilité d'identifier de façon dynamique ces espaces vides dans les transmissions MIMO du primaire et d'y transmettre les signaux secondaires [30, 31, 32].

Par ailleurs, cette approche s'assimile à la vision interweave de la radio cognitive définie dans le Chapitre 1 et qui propose d'exploiter les espaces vides (trous : temporels, fréquentiels, spatiaux, etc) dans l'environnement radio du système primaire. Les auteurs dans [30] ont d'ailleurs introduit cette approche radio cognitive sous la dénomination *"spatial interweave CR"*.

On observe que cette approche ouvre la porte à l'utilisation de diverses méthodes de transmission telles que les précodages linéaires (Tx-beamforming) [33]. En effet, le beamforming a la capacité de maximiser le rapport signal sur bruit au niveau des récepteurs secondaires, tout en ne générant aucune interférence vers le système primaire.

Avant d'aborder de façon plus précise les détails de cette approche, il est opportun de décrire certaines bases des systèmes de transmission sans fil que nous avons considérés dans réalisation de notre étude. Ainsi, la section suivante introduira dans un premier temps le modèle du canal de transmission.

2.2.2 Modèle du canal de transmission

Dans notre étude nous ferons le choix du modèle de canal multi-trajets décrit la figure 2.2. On observe que ce type de canal prend en compte les différents obstacles entre l'émetteur (la station de base) et le récepteur (l'utilisateur).

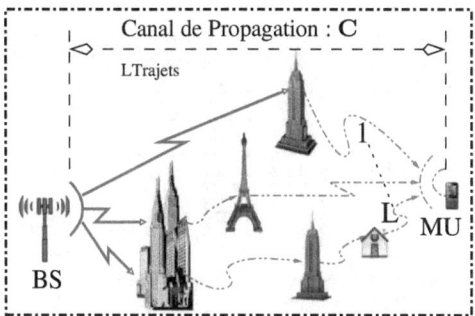

FIGURE 2.2 – *Illustration d'un canal multi-trajets*

On remarque que la transmission de la station de base se propage dans le canal **C** sur plusieurs trajets à cause des phénomènes de réflexion, etc. Ces trajets différents généreront à la réception, plusieurs versions du signal transmis, possédant chacune une atténuation spécifique (c_l) et des délais (τ_l) différents pour chaque chemin l. Cela se traduit par la réponse impulsionnelle suivante :

$$c(t) = \sum_{l=0}^{L-1} c_l \delta(t - \tau_l) \qquad (2.1)$$

En supposant B la bande passante du signal émis, le canal est dit sélectif en fréquence si $B >>$ $1/\tau_{max}$ avec τ_{max} le retard maximum. Dans [34, 35] on remarque plus précisément que le canal est supposé sélectif en fréquence pour $B \geq \frac{1}{10\tau_{max}}$. Nous supposerons généralement dans la suite de notre des transmissions dans un canal multi-trajets et sélectif en fréquence.

2.2.3 La modulation fréquentielle OFDM

Nous avons observé dans la section précédente le modèle du canal multi-trajets et sélectif en fréquence du fait de l'étalement temporel de la réponse impulsionnelle. Les méthodes d'égalisation dans les canaux sélectif en fréquence étant généralement plus complexes que celles dans un canal non sélectif en fréquence.

Dans le but de réduire la complexité du traitement des signaux nous opterons pour l'OFDM (Orthogonal Frequency Division Multiplexing) [36]. La modulation OFDM permet de traiter les flux et le canal de transmission sur plusieurs sous-porteuses dans le domaine fréquentiel. L'un de ses avantages est de permettre la décomposition d'un canal sélectif en fréquence en plusieurs sous canaux parallèles dans lesquelles le canal est non sélectif en fréquence. Cette approche facilite grandement les traitements et les procédures d'égalisation du canal [36, 28].

Considérons $\mathbf{s}_\mu \in \mathbb{C}$ un signal discret et complexe en bande de base, le signal OFDM $\mathbf{x}_\nu \in \mathbb{C}$ s'exprime suivant la forme :

$$\mathbf{x}_\nu = \sum_{\mu=0}^{N-1} \mathbf{s}_\mu e^{j2\pi\nu\mu/T}, \nu \in [0,T[, \tag{2.2}$$

avec N le nombre de sous-porteuses, T la taille du bloc OFDM. Ainsi, dans le but d'éviter des interférences entre les sous-porteuses, l'espacement entre celles-ci est de $1/T$ pour remplir la condition d'orthogonalité [36]. On remarque que la formulation dans l'équation 2.2 correspond à une transformation de Fourier discrète inverse (TFDI) lorsqu'on fait correspondre la taille du bloc OFDM au nombre de sous porteuse N ($N = T$). En pratique, la TFD est réalisée en utilisant un algorithme dénommé FFT (Fast Fourier Transform).

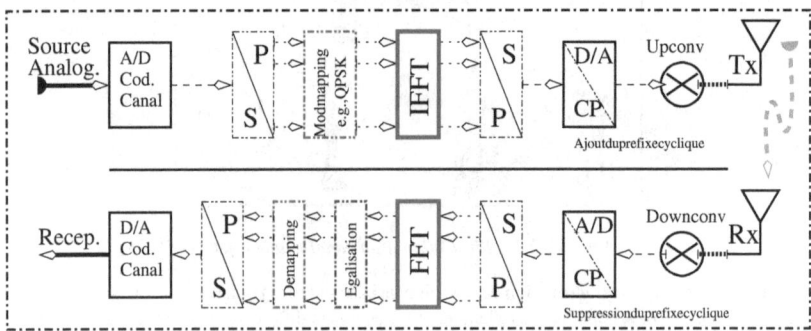

FIGURE 2.3 – *Système de transmission OFDM.*

Comme nous l'avons mentionné brièvement dans la section 2.2.1, nous baserons la première partie de notre étude RC sur une approche RC interweave qui exploite le degré de liberté spatial dans un système MIMO [30, 29]. Plus concrètement, nous utiliserons les espaces vides dans le canal de transmission primaire en vue de transmettre les signaux secondaires. Cependant, avant d'aborder la méthode RC utilisée, il est opportun de préciser certaines bases des systèmes MIMO utiles à notre étude.

2.2.4 Les systèmes multi-antennes

L'évolution des méthodes de transmission et le nombre croissant d'utilisateurs a conduit à une augmentation des besoins en terme de bande passante et de débit de transmission. De nos jours, de nombreuses technologies de transmission sans fil exploitent les techniques multi-porteuses (OFDM : Orthogonal frequency division multiplexing) et les combinent avec les méthodes multi-antennes (MIMO : Multi input multi output) afin d'améliorer l'efficacité spectrale [28]. En effet, cette combinaison des systèmes multi-antennes et du multiplexage OFDM dénommée MIMO-OFDM permet dans la plupart des technologies récentes (LTE, WIFI, WIMAX), d'optimiser l'efficacité spectrale et d'atteindre des débits de transmission élevés [28, 25, 35]. Nous décrirons certaines bases théoriques des techniques multi-antennes utiles à notre scénario RC, et nous observerons par la suite les bénéfices apportés par l'adoption du MIMO-OFDM dans notre étude.

La littérature classifie les méthodes multi-antennes en fonction du nombre d'antennes à l'émetteur et au récepteur et du type de traitement en bande de base [37, 35]. Le nombre d'antennes à l'émission ou la réception permettra par exemple d'obtenir différentes performances et capacités de transmission. La capacité du canal de transmission correspond à l'information mutuelle entre le signal transmis à l'émetteur s et le signal reçu au niveau du récepteur x :

$$C = I(\mathbf{x}; \mathbf{s}). \tag{2.3}$$

En supposant une transmission en bande étroite et un canal de transmission dont les coefficients suivent une distribution Gaussienne, on obtient les capacités ergodiques du canal de transmission suivantes.

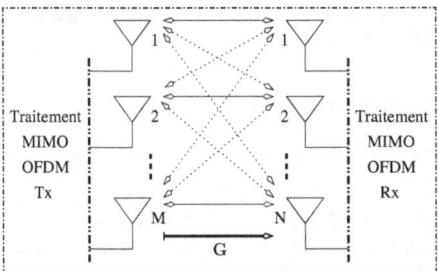

FIGURE 2.4 – *Système de transmission multi-antennes illustrant le canal de transmission* $\mathbf{G}$ *avec* M *antennes de transmission et* N *antennes de réception.*

SISO : Dans le cas d'un système SISO (single input single output) avec une antenne de transmission et de réception ($M = N = 1$). La capacité ergodique du canal s'exprime telle que :

$$C_{SISO} = \mathbb{E}\left[\log_2\{(1 + \tfrac{P}{\sigma_n^2}|g|^2)\}\right], \tag{2.4}$$

avec $g \sim \mathcal{CN}$, $n \sim \mathcal{CN}\{0, \sigma_n^2\}$ le bruit blanc additif Gaussien (BBAG, AWGN) constituant les seules perturbations introduites au récepteur, et P la puissance de transmission.

SIMO : Pour un système SIMO (single input multiple output) disposant d'une antenne de transmission ($M = 1$) et de plusieurs antennes de réception (N) on obtient :

$$C_{SIMO} = \mathbb{E}\left[\log_2\{\det(\mathbf{I}_N + \tfrac{P}{\sigma_n^2}\mathbf{g}\mathbf{g}^H)\}\right],\qquad(2.5)$$

ici, $\mathbf{g} \in \mathbb{C}^{N \times 1}$, $\mathbf{g} \sim \mathcal{CN}$ et $\mathbf{n} \sim \mathcal{CN}\{0, \sigma_n^2\mathbf{I}\}$ le bruit BBAG à la réception.

MISO : La capacité des systèmes MISO (multiple input single output) composés de M antennes de transmission et une antenne de réception ($N = 1$) s'exprime telle que :

$$C_{MISO} = \mathbb{E}\left[\log_2\{(1 + \tfrac{1}{\sigma_n^2}\mathbf{g}\mathbf{\Phi}\mathbf{g}^H)\}\right],\qquad(2.6)$$

$\mathbf{g} \in \mathbb{C}^{1 \times M}$ et $\mathbf{g} \sim \mathcal{CN}$, $n \sim \mathcal{CN}\{0, \sigma_n^2\}$ le BBAG à la réception (Rx) et $\mathbf{\Phi}$ la matrice diagonale de répartition des puissances sur chacune des antennes à l'émission. Ainsi dans le cas d'une répartition uniforme de puissance on obtient $\mathbf{\Phi} = \frac{1}{M}\mathbf{I}_M$.

MIMO : Finalement lorsque plusieurs antennes de transmission (M) et de réception (N) sont utilisées, la capacité s'exprime telle que :

$$C_{MIMO} = \mathbb{E}\left[\log_2\{\det(\mathbf{I}_N + \tfrac{1}{\sigma_n^2}\mathbf{G}\mathbf{\Phi}\mathbf{G}^H)\}\right],\qquad(2.7)$$

$\mathbf{G} \in \mathbb{C}^{N \times M}$, $\mathbf{G} \sim \mathcal{CN}$, $\mathbf{n} \sim \mathcal{CN}\{0, \sigma_n^2\mathbf{I}\}$ le BBAG à la réception et $\mathbf{\Phi}$ la matrice diagonale de répartition des puissances sur chacune des antennes de transmission.

Notons que la connaissance du canal de transmission à l'émetteur et/ou au récepteur permet de définir diverses techniques de transmission (e.g., "water filling", précodage zero forcing) et de réception, afin d'améliorer la capacité du canal MIMO [37, 18, 35].

La section suivante abordera de façon plus approfondie l'utilisation des méthodes MIMO-OFDM dans notre système de transmission RC.

2.3 Approche du scénario radio cognitif

2.3.1 Radio cognitive spatial interweave : précodage linéaire (beamforming)

Comme illustré dans la figure 2.5, nous supposons dans notre étude un système multi-antenne (MIMO) avec N_p, N_s antennes respectivement à la station de base primaire et secondaire, et M_p, M_s antennes aux utilisateurs primaires et secondaires.

Dans le cas d'une transmission DL-MIMO conventionnelle, sans interférences le signal reçu dans le domaine temporel est décrit pas la relation suivante :

$$\mathbf{y}(t) = \mathbf{C}(t, \tau) * \mathbf{x}(t) + \mathbf{n}(t),$$

$$\Leftrightarrow$$

$$\begin{bmatrix} y_1(t) \\ \vdots \\ y_M(t) \end{bmatrix} = \begin{bmatrix} c_{11}(t, \tau) & \cdots & c_{1N}(t, \tau) \\ \vdots & \ddots & \vdots \\ c_{M1}(t, \tau) & \cdots & c_{MN}(t, \tau) \end{bmatrix} * \begin{bmatrix} x_1(t) \\ \vdots \\ x_N(t) \end{bmatrix} + \begin{bmatrix} n_1(t) \\ \vdots \\ n_M(t) \end{bmatrix},\qquad(2.8)$$

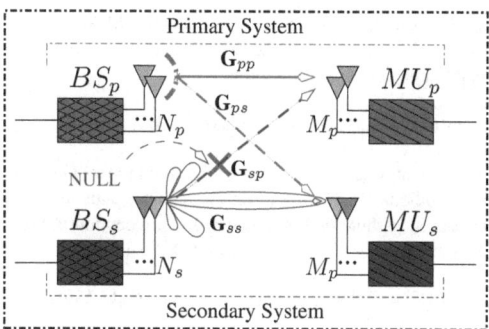

FIGURE 2.5 – *Méthode de suppression des interférences du secondaire.*

avec $c_{ij}(t,\tau)$ le canal entre la i^{eme} antenne au récepteur, la j^{eme} antenne à l'émetteur et qui dépend des variables t et τ, τ le délai généré par les L trajets du canal de transmission, $x(t) \in \mathbb{C}^{N \times 1}$ le vecteur transmis par les N antennes et $n(t) \in \mathbb{C}^{M \times 1}$ le bruit blanc additif Gaussien (BBAG, AWGN) introduit au récepteur.

Dans le système primaire la relation. (2.8) est réécrite suivant la forme :

$$y_p(t) = \begin{bmatrix} y_1(t) \\ \vdots \\ y_{M_p}(t) \end{bmatrix} = G_{pp}(t,\tau) * x_p(t) + n_p(t), \qquad (2.9)$$

où $x_p(t)$ représente le signal transmit le cas échéant par la station de base primaire, $n_p(t)$ le BBAG au récepteur primaire $G_{pp}(t,\tau) \in \mathbb{C}^{M_p \times N_p}$ la matrice du canal de propagation multi-trajets et sélectif en fréquence, chaque chemin étant retardé de τ_l.

L'utilisation de la modulation OFDM dans notre étude nous permet d'écrire le signal primaire dans le domaine fréquentiel sur chacune des sous-porteuses OFDM tel que :

$$y_p(f) = \begin{bmatrix} y_1(f) \\ \vdots \\ y_{M_p}(f) \end{bmatrix} = G_{pp}(t,f).x_p(t) + n_p(f), \qquad (2.10)$$

avec : $y_p(f) = \mathscr{F}^{-1}\{y_p(t)\}$, $x_p(f) = \mathscr{F}^{-1}\{x_p(t)\}$ idem pour $n_p(f)$. $G_{pp}(t,f) = \mathscr{F}^{-1}\{G_{pp}(t,\tau)\}$ dont les valeurs sont distribuées de façon indépendante et identique (i.i.d) et considérées Gaussiennes. Du fait de l'utilisation de l'OFDM, dans la suite on écrira les valeurs du canal de transmission, et des signaux de transmission et de réception dans le domaine fréquentiel.

Nous observons dans [29] que la capacité d'un canal de transmission MIMO (C) peut être évaluée grâce à la notion de degré de liberté spatial (d), qui est une fonction de la capacité totale du système et s'exprime tel que :

$$C(SNR) = d\log(SNR) + o(\log(SNR)). \qquad (2.11)$$

Nous proposons de déterminer le degré de liberté spatial qu'il est possible d'atteindre dans le système MIMO secondaire et permettant de transmette sans perturber les utilisateurs primaires.

Comme décrit dans [38], dans le cas d'un système cellulaire MIMO mono-utilisateur avec un canal interférent, 1 utilisateur dans le système primaire (PU) et 1 dans le système secondaire (SU), le degré de liberté peut s'écrire sous la forme :

$$d = \min(M_p + M_s, N_s + N_p, \max(N_p, M_s), \max(N_s, M_p)). \quad (2.12)$$

À partir de l'équation (2.7) on observe que dans un canal (complexe) Gaussien, dont les éléments sont i.i.d, la capacité ergodique DL (C_p) pouvant être atteinte dans la cellule primaire (PU) en supposant une connaissance parfaite de l'état du canal à la réception (CSIR), s'exprime dans le domaine fréquentiel sur chacune des sous-porteuses OFDM comme suit :

$$
\begin{aligned}
C_p &= \mathbb{E}\left[\log_2\{\det(\mathbf{I}_{M_p} + \mathbf{R}_{sp}^{-1}\mathbf{G}_{pp}\mathbf{\Phi}_p\mathbf{G}_{pp}^H)\}\right], \\
&\text{s.t. } \operatorname{tr}(\mathbf{\Phi}_p) \leq \phi_p,
\end{aligned}
\quad (2.13)
$$

avec $\mathbf{\Phi}_p = \mathbb{E}[\mathbf{x}_p\mathbf{x}_p^H]$ la matrice d'allocation de puissance à la station de base primaire P_{BS}, (ϕ_p, ϕ_s) les contraintes de puissance au primaire P_{BS} et au secondaire S_{BS}, $\mathbf{x}_p \in \mathbb{C}^{N_p}$, $\mathbf{x}_s \in \mathbb{C}^{N_s}$ les signaux transmis, $\mathbf{R}_{sp} = (\mathbf{G}_{sp}\mathbf{x}_s)(\mathbf{G}_{sp}\mathbf{x}_s)^H + \sigma_n^2\mathbf{I}_{M_p}$ la matrice représentant la somme des interférences et du bruit BBAG provenant de la station de base secondaire S_{BS}. $\mathbf{G}_{pp} = [\mathbf{G}_{p1}, ..., \mathbf{G}_{pK}]$, $\mathbf{G}_{p1} \in \mathbb{C}^{M_p \times N_p}$ représente le canal DL primaire et $\mathbf{G}_{sp}$ le canal DL du secondaire (SU) vers le primaire (PU).

Nous proposons dans notre étude de compenser les interférences secondaires sur le primaire en transmettant de manière opportuniste les signaux des utilisateurs secondaires dans les espaces vides du système primaire. Cette technique correspond bien à l'approche de la radio cognitive interweave que nous avons introduite dans le Chapitre 1 et dont le but est de transmettre les signaux secondaires dans les trous détectés dans l'environnement radio (voir figure 1.6). En l'occurrence dans notre étude, les espaces vides dans les transmissions primaires seront exploités pour les transmissions radio cognitives interweave. Cette vision dite radio cognitive *"spatial interweave"* est décrite dans [32, 30, 31]. Elle est réalisée à travers un précodeur linéaire $\mathbf{P}_s$ (beamformer) défini principalement dans le système secondaire.

Ces observations permettent de reformuler la problématique de la transmission radio cognitive spatial interweave sous la forme d'une maximisation sous contrainte définie telle que :

$$
\begin{aligned}
\max_{\mathbf{P}_s, \mathbf{P}_p} \quad C_s &= \log_2\{\det(\mathbf{I}_{M_s} + \mathbf{R}_{ps}^{-1}\mathbf{G}_{ss}(\mathbf{P}_s\mathbf{\Phi}_s\mathbf{P}_s^H)\mathbf{G}_{ss}^H\}, \\
&\text{s.t. } \mathbf{G}_{sp}\mathbf{P}_s\mathbf{x}_s = \mathbf{0}, \operatorname{tr}(\mathbf{P}_s\mathbf{\Phi}_s\mathbf{P}_s^H) \leq \phi_s,
\end{aligned}
\quad (2.14)
$$

avec $\mathbf{R}_{ps}$ la matrice représentant les interférences plus le bruit du PU vers le SU. Le précodeur optimisera ainsi les transmissions secondaires et compensera automatiquement les interférences vers le primaire, après avoir identifié les directions dans le canal de transmission où aucune transmission primaire n'est observée [32, 30, 31].

Nous traiterons dans un premier temps l'annulation des interférences provenant du secondaire vers le primaire. Dans cette optique, un précodeur $\mathbf{P}_s$ sera appliqué à l'émetteur secondaire en bande de base (beamforming à l'émetteur : Tx-Beamforming, voir figure 2.5), afin d'annuler automatiquement les perturbations secondaires [32, 30]. Le signal $\mathbf{Y}_p$ reçu par le récepteur primaire en présence des interférences du secondaire sur chacune des sous-porteuses f s'exprime comme suit :

$$\mathbf{y}_p(f) = \mathbf{G}_{pp}(t, f)\mathbf{x}_p(f) + \mathbf{G}_{sp}(t, f)\mathbf{x}_s(f) + \mathbf{n}_p(f). \quad (2.15)$$

24

Avec $\mathbf{G}_{sp}\mathbf{x}_s$ la perturbation générée par S_{BS} sur le récepteur primaire. Pour garantir une bonne réception au primaire, à partir de la relation (2.14) le problème se résume désormais à trouver en bande de base un précodeur adéquat $\mathbf{P}_s$, permettant d'annuler automatiquement les perturbations générées par les signaux secondaires sur les récepteurs primaires tel que :

$$\mathbf{G}_{sp}\mathbf{P}_s\mathbf{x}_s = 0. \qquad (2.16)$$

Nous proposons de déterminer la valeur de $\mathbf{P}_s$ en exploitant les informations provenant du canal interférent DL $\mathbf{G}_{sp}$ entre l'émetteur secondaire et le récepteur primaire. Par ailleurs, nous illustrerons notre approche en nous basant sur des méthodes classiques de transmission et de réception MIMO. De ce fait, on suppose une démodulation cohérente des signaux, ce qui implique que le canal de transmission est estimé par le récepteur grâce à des séquences d'apprentissages usuelles dénommées séquences pilotes. Partant de là, il est clair que des erreurs d'estimation du canal apparaissent dans le processus d'estimation. Toutefois, nous considérons dans un premier temps que les canaux de transmission sont parfaitement estimés par les récepteurs. Ensuite, le beamformer $\mathbf{P}_s$ est déterminé à partir de l'estimation du canal DL interférent $\hat{\mathbf{G}}_{sp}$. Plus précisément, dans la transmission DL, nous proposons de projeter le signal de S_{BS} dans une base orthogonale de $\mathbf{G}_{sp}$ ($\mathbf{W} \subseteq Ker\{\mathbf{G}_{sp}\}$). De ce fait, le signal transmis par S_{BS} vers les récepteurs primaires sera automatiquement annulé grâce à l'interaction avec le canal interférent $\mathbf{G}_{sp}$.

Toutefois, on observe que même en utilisant des séquences d'apprentissage entre le récepteur primaire et l'émetteur secondaire, la station de base secondaire ne peut qu'estimer le canal interférent UL $\mathbf{H}_{sp}$ le reliant au terminal primaire. De plus, du fait des contraintes imposées par notre scénario RC on observe que le système primaire ignore la présence du système secondaire, et aucune coopération n'est envisagée entre systèmes primaire et secondaire. Le récepteur primaire ne peut donc pas estimer et retransmettre le canal de transmission $\mathbf{G}_{sp}$ pour la mise en forme du précodeur $\mathbf{P}_s$.

La solution adoptée dans notre étude consiste à estimer au niveau de la station de base secondaire, le canal interférent UL $\mathbf{H}_{sp}$ le reliant au terminal primaire en exploitant les séquences d'apprentissages primaires, puis de déduire le canal interférent DL en se basant sur l'hypothèse de la *"réciprocité du canal"* qui suggère que les canaux dans les deux sens de la transmission UL/DL sont identiques. Cette notion de réciprocité du canal de transmission est observable lorsque dans un sens (DL : BS⇒MU) comme dans l'autre (UL : MU⇒BS), les signaux émis empruntent les mêmes chemins et subissent les mêmes perturbations.

Nous aborderons dans la section suivante les caractéristiques de la réciprocité du canal de transmission et les conditions de son application dans notre scénario RC spatial interweave.

2.3.2 La réciprocité du canal de transmission

Définition

L'hypothèse de la réciprocité du canal de propagation considérée dans notre étude est présentée dans la figure 2.6. En supposant un canal statique et invariant dans le temps, elle suggère qu'une onde électromagnétique transmise d'un point à un autre sur une fréquence donnée, emprunte le même trajet et rencontre les mêmes perturbations qu'une autre onde transmise sur la même fréquence dans le sens inverse. La notion de réciprocité provient donc de cette égalité des canaux UL et DL. Plus concrètement, soient $h(t)$ et $g(t)$ respectivement les réponses impulsionnelles des canaux UL et DL pour un trajet i considéré ; la réciprocité pour chacun des trajets se

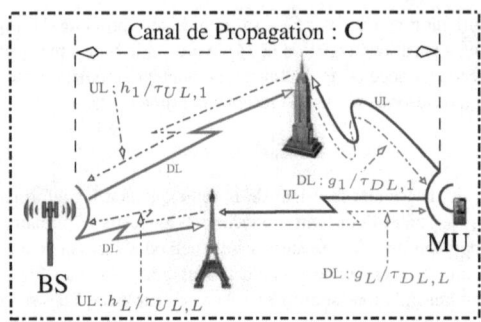

FIGURE 2.6 – *Illustration de la réciprocité dans un canal multi-trajets.*

traduit par la relation :

$$h_i\delta_i(t - \tau_{ULi}) \;=\; g_i\delta_i(t - \tau_{DLi}). \tag{2.17}$$

Plus largement dans un canal MIMO sélectif en fréquence, à partir de la relation de réciprocité des canaux UL/DL entre les antennes, on aboutira aux canaux multi-trajets dans la relation (2.18) où le canal uplink est la transposée du canal downlink :

$$\mathbf{H}(t,\tau) = \mathbf{G}^T(t,\tau) \tag{2.18}$$

On observe ainsi que la réciprocité du canal, parce qu'elle implique la déduction immédiate des canaux UL/DL peut être exploitée pour diverses applications dans la RC telles que la réduction des coûts d'une estimation conventionnelle du canal, elle peut également constituer une alternative intéressante aux méthodes conventionnelles de feed-back [16, 30, 39].

Toutefois, la relation (2.18) est conditionnée par la stabilité du canal pendant les transmissions, en effet l'hypothèse de réciprocité s'effondre si entre les transmissions UL et DL le canal varie.

Dans notre étude, ces différents facteurs seront évalués en fonction des méthodes de transmission en temps-réel. Les technologies de transmissions sans fil de nos jours utilisent principalement deux modes de duplexage temps-réel, le duplex temporel (TDD) et le duplex fréquentiel (FDD). Nous analyserons les conditions de la réciprocité du canal en TDD et en FDD dans la section suivante.

La réciprocité du canal dans un duplex fréquentiel (FDD)

la figure 2.7 illustre le principe d'un duplex fréquentiel, on observe que dans le mode FDD les signaux UL et DL sont émis simultanément sur des fréquences porteuses distinctes.

On observe qu'une telle approche permet d'éviter les interférences entre canaux UL/DL. Cependant, la transmission sur différentes longueurs d'onde en UL et en DL complique fortement l'exploitation de la réciprocité du canal en mode FDD. En effet, la propagation des ondes dans l'environnement radio dépend essentiellement des fréquences de transmission. Les fréquences de transmission UL/DL doivent être très proches pour avoir une propagation identique entre les canaux UL et DL, négliger les différences de propagation, et ainsi obtenir un canal réciproque.

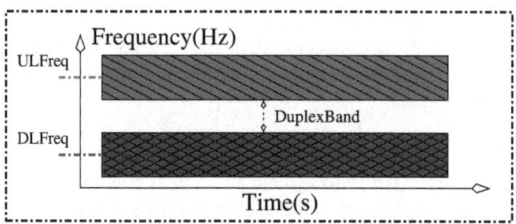

FIGURE 2.7 – *Exemple d'une trame FDD.*

Alors que dans les systèmes FDD actuels, l'allocation de ressources UL/DL conduit à des écarts importants entre les fréquences UL/DL de l'ordre de 5% à 20% de la fréquence porteuse (e.g., UMTS-FDD, FDD-LTE 2100 IMT band : UL=[1920 1980], DL=[2110 2170]) [25, 40]. De ce fait, en mode de transmission FDD, même si les signaux émis dans les deux sens parcouraient des chemins identiques, des différences existeraient entre les atténuations et les phases des trajets. De plus, la propagation du signal émis en UL est différente de celle du signal émis en DL, détruisant ainsi l'hypothèse de réciprocité du canal [40].

Cependant, dans la littérature, plusieurs approches montrent que les canaux UL et DL peuvent sous certaines conditions conserver des propriétés identiques (comme la matrice de corrélation spatiale) [41, 42].

Dans la section suivante, nous analyserons les aspects de la réciprocité du canal dans un mode de transmission en duplex temporel (TDD).

La réciprocité du canal dans un duplex temporel (TDD)

Dans le mode de transmission en duplex temporel TDD (time division duplex), la station de base et le terminal mobile transmettent sur les mêmes fréquences porteuses en UL comme en DL, mais les émissions sont séparées en attribuant des intervalles de temps différents dénommés time-slots (TS) aux signaux UL et DL comme illustré dans la figure 2.8.

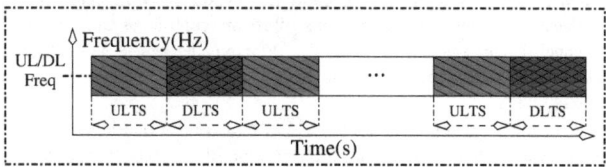

FIGURE 2.8 – *Exemple d'une trame TDD.*

Du fait des transmissions UL/DL simultanées sur une même fréquence porteuse, le mode TDD représente un avantage considérable dans notre étude de la RC. En effet, les émissions sur les mêmes longueurs d'onde permettent de supposer une propagation identique en UL et en DL et validents plus facilement l'hypothèse de la réciprocité du canal en TDD.

Étant donné que les débits requis en DL sont généralement supérieurs à ceux en UL, le nombre de TS-DL sera logiquement plus grand la plupart du temps. En outre, dans le but d'éviter de forte variation du canal pendant les transmissions UL et DL, le temps d'une transmission complète "ping-pong" (Tx→Rx-Rx→Tx) est déterminé en fonction du temps de cohérence du canal T_{coh} :

$$T_{coh} = \frac{1}{f_d}, f_d = \frac{V_t \times f_0}{c}, \tag{2.19}$$

avec f_d la fréquence Doppler, V_t la vitesse du terminal, f_0 la fréquence porteuse et c la célérité traduisant dans notre cas la vitesse de propagation des ondes électromagnétiques dans l'air ($\approx$ 3×10^8 m/s). On supposera ainsi le canal constant durant un "ping-pong".

On note également que la conception des "switch" radio fréquence (RF) et les problèmes de synchronisation rendent l'implémentation de la TDD plus fastidieuse que celle de la FDD. Le mode FDD ne nécessite que de simples filtres correspondant aux différentes fréquences porteuses UL/DL et est beaucoup moins affecté par les problèmes de synchronisation. A contrario, l'utilisation de la TDD dans un système multi-cellulaire engendre des problèmes de synchronisation qui génèrent des interférences additionnelles pour les utilisateurs en bordure de cellule. Néanmoins, certaines solutions permettent de répartir convenablement les stations de base en fonction des fréquences porteuses afin de réduire ces perturbations et les transmissions TDD constituent un réel avantage. En effet, les observations précédentes ont mis en évidence l'effectivité de la réciprocité du canal en TDD contrairement au FDD, et la transmission sur des fréquences identiques en TDD implique certes des terminaux plus complexes (optimisation de la synchronisation, etc) mais moins coûteux (e.g., pas de filtre supplémentaire ni de duplexeurs). De plus, la bande passante dédiée au système est aussi plus efficacement utilisée car elle est partagée entre les transmissions UL et DL.

Dans le but d'évaluer nos méthodes de précodage linéaire RC basées sur la réciprocité du canal de transmission, nous focaliserons dans un premier temps notre étude vers une approche en mode TDD. La section suivante permettra d'aborder les contraintes pratiques pouvant détruire la réciprocité du canal de transmission en pratique.

2.3.3 Les contraintes liées à la réciprocité en pratique

Dans un système de transmission pratique, la réciprocité du canal n'est pas toujours évidente à exploiter. En effet, que ce soit en TDD ou en FDD, l'hypothèse de la réciprocité n'est réaliste que sous certaines conditions. On recense ainsi plusieurs contraintes notamment le temps de cohérence du canal, l'écart fréquentiel du duplex, le temps de latence, la contrainte des délais de transmission (TDD/FDD), la nécessité d'un écart du duplex très réduit entre transmissions UL et DL (FDD), etc.

Par ailleurs, même si toutes ces conditions sont remplies, et que le canal de transmission électromagnétique entre les antennes peut généralement être supposé réciproque, toutefois les composants électroniques des circuits radio fréquences (RF) entre les antennes et le traitement en bande de base, peut considérablement impacter l'hypothèse de la réciprocité du canal. En effet, les circuits RF des stations de bases sont par défaut différents de ceux des utilisateurs, de plus les composants des circuits RF des utilisateurs sont aussi différents d'un constructeur à l'autre. Ainsi, plusieurs perturbations dues aux circuits RF sont observables telles que : les erreurs de phase, les offset de fréquence, les convertisseurs numérique analogique, les erreurs thermiques, les erreurs de synchronisation en fréquence et/ou en temps, etc [25]. En outre, diverses sources additionnelles de perturbation faussent également l'exploitation de la réciprocité du canal, notamment les effets de couplage entre les antennes et les erreurs d'estimation du canal UL/DL. L'impact de toutes ces sources de perturbations dans notre scénario radio cognitif MIMO sera évalué dans le chapitre suivant.

2.4 Conclusions partielles

Dans ce chapitre, nous avons introduit le modèle de notre approche radio cognitive interweave ainsi que les bases essentielles à la compréhension du scénario dans un contexte mono-utilisateur. La combinaison des méthodes multi-antennes MIMO et de la modulation OFDM répond au souci d'optimiser l'efficacité spectrale dans le scénario de transmission RC.

Ensuite, à travers la reformulation de l'approche RC spatial interweave sous la forme d'une optimisation sous contraintes, nous avons mis en évidence l'importance de la réciprocité du canal de transmission, une hypothèse cruciale pour éviter la coopération entre le système primaire et secondaire. Par ailleurs, l'étude de la réciprocité en mode TDD et FDD nous a orientée vers une application basée sur un duplex TDD, car l'utilisation de la réciprocité du canal en TDD est triviale.

Pour finir, l'évaluation des contraintes liées à la réciprocité du canal que nous avons abordé dans la dernière partie a révélé les perturbations liées à la réciprocité du canal en pratique. Dans le chapitre suivant, nous expliciterons les contraintes pratiques relatives à l'application de la réciprocité en TDD.

Chapitre 3

La Réciprocité du Canal : Considérations Pratiques

3.1 Introduction

Nous avons montré dans le chapitre précédent l'avantage que représente l'utilisation de la réciprocité du canal dans l'implémentation pratique de notre scénario radio cognitif interweave. Dans le présent chapitre, nous aborderons les considérations pratiques relatives à l'exploitation de la réciprocité dans une transmission en temps-réel. En effet, dans le cas d'une transmission sans fil, le canal électromagnétique entre les antennes peut certes être réciproque, cependant, toutes les perturbations dans les traitements en bande de base à l'émetteur et au récepteur doivent être considérées. Nous verrons par exemple comment les imperfections de l'étage radio fréquence (RF) entre les antennes et le traitement en bande de base introduisent des perturbations qui limitent l'utilisation de la réciprocité du canal. Nous proposons ensuite des solutions permettant de restaurer la réciprocité du canal.

Tout au long de ce chapitre nous considérons les notations décrites dans le tableau 1.1.

3.2 La réciprocité du canal en pratique

Nous rappelons dans un premier temps notre scénario radio cognitif dans la figure 3.1 en y ajoutant la chaîne de transmission complète qui se compose du traitement en bande de base, des circuits radio fréquence (RF) correspondant à chacune des antennes, et les canaux de propagation électromagnétique entre antennes.

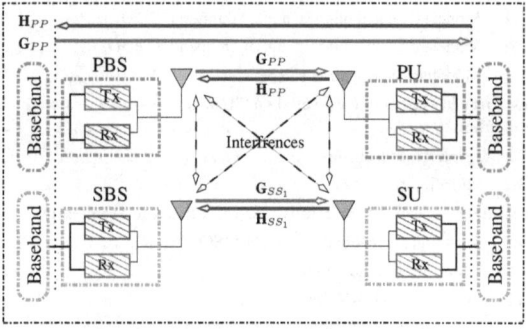

FIGURE 3.1 – *Scénario de transmission RC illustrant les circuits RF avec 1 antenne.*

Dans la majorité des systèmes de télécommunication, les circuits RF à la station de base sont différents de ceux des utilisateurs. Ces circuits RF sont également différents d'un constructeur et d'un système à un autre. Partant de cette observation, nous modéliserons les circuits RF des différents terminaux afin d'analyser la réciprocité du canal MIMO dans un duplex temporel (TDD) et fréquentiel (FDD).

3.2.1 Modèle du canal dans un duplex temporel (TDD)

On rappel encore dans la figure 3.2 la structure du canal sélectif en fréquence, multi-trajets (L chemins) dans un système de transmission downlink entre une station de base (BS) et un utilisateur mobile (MU). La propagation multi-trajets dans le canal électromagnétique est due aux phénomènes de réflexion de diffraction et de diffusion dans le canal.

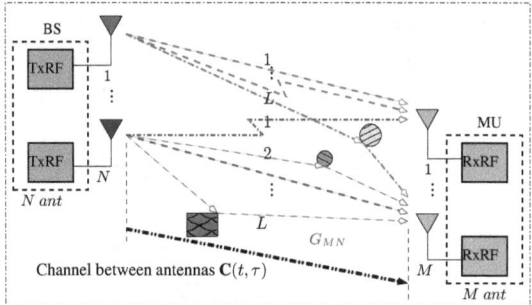

FIGURE 3.2 – *Système de transmission MIMO dans un canal multi-trajets.*

Le canal multi-trajets $(\mathbf{C}(t, \tau))$ entre les antennes est une matrice $M \times N$ décrite par l'équation (3.1). Le signal reçu $\mathbf{y}(t) \in \mathbb{C}^{M \times 1}$ par l'utilisateur s'exprime tel que :

$$\mathbf{y}(t) = \begin{bmatrix} y_1(t) \\ \vdots \\ y_M(t) \end{bmatrix} = \mathbf{C}(t, \tau) * \mathbf{x}(t) + \mathbf{n}(t),$$

$$\mathbf{x}(t) = \begin{bmatrix} x_1(t) \\ \vdots \\ x_N(t) \end{bmatrix}, \mathbf{C}(t, \tau) = \begin{bmatrix} \mathbf{c}_{11}(t, \tau) & \cdots & \mathbf{c}_{1N}(t, \tau) \\ \vdots & \ddots & \vdots \\ \mathbf{c}_{M1}(t, \tau) & \cdots & \mathbf{c}_{MN}(t, \tau) \end{bmatrix},$$

$$(3.1)$$

avec $\mathbf{x}(t) \in \mathbb{C}^{N \times 1}$ le vecteur transmit par N antennes, $\mathbf{c}_{ij}(t, \tau)$ le canal du lien (i, j) qui dépend des variables t et τ, τ le délai généré par L multi-trajets et $\mathbf{n}(t) \in \mathbb{C}^{M \times 1}$ le bruit blanc additif Gaussien (BBAG, AWGN) au récepteur. Le signal reçu à la i^{eme} antenne du nœud utilisateur (MU) est défini par :

$$y_i(t) = \sum_{j=1}^{N} \{\mathbf{c}_{ij}(t, \tau) * x_j(t)\} + n_i(t) \tag{3.2}$$

où $x_j(t)$ est le signal transmit par la j^{eme} antenne, et $n_i(t)$ le BBAG à la i^{eme} antenne de réception.

Les figures 3.3 et 3.4 décrivent la chaîne de transmission et les composants intervenant dans l'étage RF avant le traitement en bande de base dans un système MIMO-TDD entre une station de base BS et un utilisateur MU. Rappelons qu'en TDD, les stations de base et les terminaux ne transmettent pas simultanément. Dans le cas d'une transmission TDD, à chaque intervalle de temps (time-slots : TS), les terminaux ne peuvent que recevoir ou transmettre des données mais ne peuvent recevoir et transmettre simultanément. De ce fait, les interférences entre les stations de base (primaire : PBS, secondaire : SBS) et les interférences entre les utilisateurs (primaire : PU, secondaire : SU) illustrées sur la figure 3.1 seront négligeables. Cette hypothèse est vérifiée à condition que les différentes stations de base soient parfaitement synchronisées entre elles et qu'elles transmettent simultanément leurs signaux dans les TS downlink (DL) dédiés.

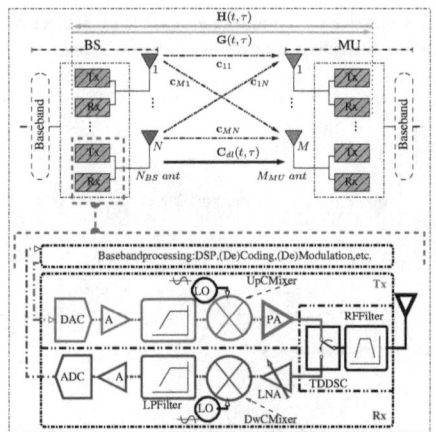

FIGURE 3.3 – *Scénario de transmission RC-MIMO-TDD décrivant les composants de base des circuits RF*

Par ailleurs, les imperfections et les différences de conception des circuits électroniques RF des dispositifs de transmission (Tx) et de réception (Rx) (voir figure 3.3), les effets de couplage entre antennes ainsi que les erreurs d'estimation du canal, le temps de latence entre l'estimation du canal et la transmission du signal peuvent conduire à une distorsion de la réciprocité entre les canaux UL/DL [43]. Pour mieux observer ce phénomène, on propose de modéliser les filtres RF comme indiqué dans la figure 3.4, et de réécrire l'équation (2.18) en intégrant les filtres RF tels que :

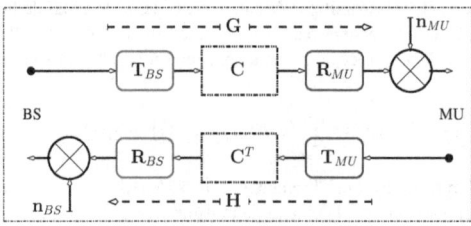

FIGURE 3.4 – *Modélisation des filtres RF*

$$
\begin{aligned}
\mathbf{G}(t,\tau) &= \mathbf{R}_{MU}(\tau) * \mathbf{C}(t,\tau) * \mathbf{T}_{BS}(\tau), \\
\mathbf{H}(t,\tau) &= \mathbf{R}_{BS}(\tau) * \mathbf{C}^T(t,\tau) * \mathbf{T}_{MU}(\tau),
\end{aligned}
\tag{3.3}
$$

où $\mathbf{C}(t,\tau)$ décrit la matrice du canal multi-trajets MIMO en downlink avec t l'indice de la variation temporelle du canal, et τ l'indice du trajet considéré (voir figure 3.2). $\mathbf{G}(t,\tau)$ et $\mathbf{H}(t,\tau)$ correspondent respectivement au canal downlink et uplink total entre les traitements en bande de base à la transmission et à la réception. $\mathbf{T}_{BS}(\tau)$ et $\mathbf{T}_{MU}(\tau)$ décrivent la structure matricielle des circuits de transmission RF respectivement à la station de base et à l'utilisateur et $\mathbf{R}_{BS}(\tau)$ et $\mathbf{R}_{MU}(\tau)$ représentent la structure matricielle des filtres RF de réception à la station de base et à l'utilisateur. On observe que contrairement aux canaux UL / DL, ces matrices RF ne dépendant que de τ. En effet, les chaînes RF sont essentiellement constituées de composants électriques et électroniques et dépendent de ce fait e.g., des variations de fréquence, de la température de l'humidité [44]. Par rapport aux canaux UL / DL, elles varient donc plus lentement en fonction du temps t. On les supposera par conséquent invariable durant l'observation des canaux. La matrice $\mathbf{C}(t,\tau)$ est représentée dans la relation (3.1) et la matrice $\mathbf{G}(t,\tau)$ est telle que :

$$
\mathbf{G}(t,\tau) = \begin{bmatrix} \mathbf{g}_{11}(t,\tau) & \cdots & \mathbf{g}_{1N}(t,\tau) \\ \vdots & \ddots & \vdots \\ \mathbf{g}_{M1}(t,\tau) & \cdots & \mathbf{g}_{MN}(t,\tau) \end{bmatrix}, \tag{3.4}
$$

pour un instant t considéré $\mathbf{g}_{ij}(t,\tau) = [g_{ij}(t,0),...,g_{ij}(t,L)]$. La matrice $\mathbf{H}(t,\tau) \in \mathbb{C}^{N \times M}$ conserve également la même structure que $\mathbf{G}(t,\tau) \in \mathbb{C}^{M \times N}$ pour des valeurs fixes de t et τ. On observe aussi que pour chaque valeur de τ, $\mathbf{T}_{BS} \in \mathbb{C}^{N \times N}$ et $\mathbf{T}_{MU} \in \mathbb{C}^{M \times M}$ sont des matrices carrées définies telles que :

$$
\begin{aligned}
\mathbf{T}_{BS}(\tau) &= \begin{bmatrix} T_{11}(\tau) & \cdots & T_{1N}(\tau) \\ \vdots & \ddots & \vdots \\ T_{N1}(\tau) & \cdots & T_{NN}(\tau) \end{bmatrix}, \\
\mathbf{T}_{MU}(\tau) &= \begin{bmatrix} T_{11}(\tau) & \cdots & T_{1M}(\tau) \\ \vdots & \ddots & \vdots \\ T_{M1}(\tau) & \cdots & T_{MM}(\tau) \end{bmatrix},
\end{aligned} \tag{3.5}
$$

On observe également les mêmes structures pour $\mathbf{R}_{MU} \in \mathbb{C}^{M \times M}$ et $\mathbf{R}_{BS} \in \mathbb{C}^{N \times N}$ les matrices des circuits de réception RF à l'utilisateur et à la station de base. Ces chaînes RF sont essentielle-ment constituées de composants électriques et électroniques et dépendent de ce fait des variations de fréquence, de la température de l'humidité, etc [44].

Par ailleurs, comme nous l'avions mentionné dans le Chapitre 2, l'association des méthodes multi-antennes (MIMO) et de la modulation fréquentiel (OFDM) proposée dans notre étude, per-met de représenter l'équation (3.3) dans le domaine fréquentiel :

$$
\begin{aligned}
\mathbf{G}(t,f) &= \mathbf{R}_{MU}(f).\mathbf{C}(t,f).\mathbf{T}_{BS}(f), \\
\mathbf{H}(t,f) &= \mathbf{R}_{BS}(f).\mathbf{C}^T(t,f).\mathbf{T}_{MU}(f),
\end{aligned} \tag{3.6}
$$

où f constitue la variable des sous-porteuses OFDM, t l'indice de la variation temporelle du canal. Les matrices carrées $\{\mathbf{T}_{MU}, \mathbf{R}_{MU}\} \in \mathbb{C}^{M \times M}$ sont définies telles que : $\mathbf{T}_{MU}(\tau) = \mathscr{F}^{-1}\{\mathbf{T}_{MU}^{-1}(f)\}, \mathbf{R}_{MU}(\tau) = \mathscr{F}^{-1}\{\mathbf{R}_{MU}(f)\}$, idem pour $\{\mathbf{T}_{BS}, \mathbf{R}_{BS}\} \in \mathbb{C}^{N \times N}$.

Plusieurs observations sont à faire faire à ce stade. On remarque tout d'abord que l'introduc-tion de la modulation OFDM permet de considérer l'équation (3.6) en tenant compte de chaque sous-porteuse, et simplifie l'observation du phénomène en fréquence plutôt que dans le domaine temporel où la sélectivité fréquentiel du canal génère beaucoup plus d'éléments. Partant des équations (3.3) et (3.6), nous pouvons affirmer avec certitude que dans un système réel, même si le canal électromagnétique entre les antennes $\mathbf{C}(t,\tau)$ peu être supposé réciproque, le canal to-tal uplink $\mathbf{H}(t,\tau)$ n'est pas égal à la transposée du canal total downlink $\mathbf{G}(t,\tau)$ comme prédit par l'équation (2.18) car :

$$
\begin{aligned}
\mathbf{G}^T(t,f) &= \mathbf{T}_{BS}^T(f).\mathbf{C}^T(t,f).\mathbf{R}_{MU}^T(f), \\
\mathbf{H}(t,f) &= \mathbf{R}_{BS}(f).\mathbf{C}^T(t,f).\mathbf{T}_{MU}(f), \\
\Leftrightarrow \mathbf{H}(t,f) &\neq \mathbf{G}^T(t,f).
\end{aligned}
\tag{3.7}
$$

Et comme illustré dans la figure 3.3 dans les systèmes de transmission radio actuels, les circuits RF de transmission sont différents des circuits RF de réception.

En outre, vu l'intérêt majeur de la réciprocité du canal dans notre scénario radio cognitif (voir Chapitre 2), nous proposons de compenser les perturbations introduites dans l'hypothèse de réciprocité en calibrant les circuits de transmission et de réception RF. La *calibration* des circuits RF consiste à compenser les imperfections des filtres RF de transmission et de réception afin de rétablir la réciprocité entre les liens UL et DL. Nous aborderons les différentes méthodes de calibration dans les sections suivantes. Mais auparavant, nous observerons dans la section suivante les caractéristiques des canaux et des circuits RF dans le cas d'un duplex fréquentiel FDD.

3.2.2 Modèle du canal dans un duplex fréquentiel (FDD)

Le cas d'une transmission MIMO-FDD est illustré sur la figure 3.5. La différence avec le cas TDD résulte dans l'utilisation de 2 filtres RF synchronisés sur les fréquences d'émission et de réception.

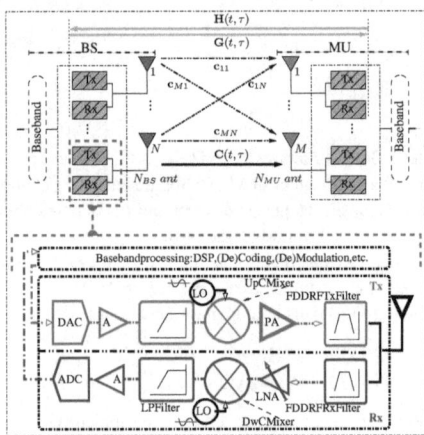

FIGURE 3.5 – *Scénario de transmission RC-MIMO-FDD incluant les circuits RF*

Les relations (3.3) et (3.6) sont réécrites en FDD sous la forme :

$$
\begin{aligned}
\mathbf{G}(t,\tau_d) &= \mathbf{R}_{MU}(\tau_d).\mathbf{C}_d(t,\tau_d).\mathbf{T}_{BS}(\tau_d), \\
\mathbf{H}(t,\tau_u) &= \mathbf{R}_{BS}(\tau_u).\mathbf{C}_u(t,\tau_u).\mathbf{T}_{MU}(\tau_u),
\end{aligned}
\tag{3.8}
$$

$$
\begin{aligned}
\mathbf{G}(t,f_d) &= \mathbf{R}_{MU}(f_d).\mathbf{C}_d(t,f_d).\mathbf{T}_{BS}(f_d), \\
\mathbf{H}(t,f_u) &= \mathbf{R}_{BS}(f_u).\mathbf{C}_u(t,f_u).\mathbf{T}_{MU}(f_u),
\end{aligned}
\tag{3.9}
$$

où les matrices sont représentées comme indiqué dans les relations (3.3) à (3.6), avec la différence que f_d et f_u représentent respectivement les fréquences de transmission dédiées aux transmissions downlink et uplink. Comme indiqué dans la section 2.3.2, dans une transmission FDD, il est possible d'obtenir l'hypothèse de réciprocité du canal : $\mathbf{C}_d(t, f_d) \approx \mathbf{C}_u^T(t, f_u)$, si et seulement si les fréquences f_d et f_u sont très proches.

Toutefois, on observe dans la littérature que dans un souci d'optimisation, la largeur de bande imposée à des systèmes réels en mode de transmission FDD tels que le GSM, UMTS, LTE, conduit à des fréquences de transmission uplink et downlink distantes de plusieurs centaines de MHz [25, 45, 9]. Partant de cette observation, nous pouvons affirmer que dans une approche réaliste :

$$\mathbf{C}_d(t, f_d) \neq \mathbf{C}_u^T(t, f_u).$$

Toutes ces remarques permettent de conclure que dans un duplex fréquentiel FDD le rétablissement de la réciprocité du canal de transmission électromagnétique est difficilement réalisable. En effet, même si certaines études montrent la possibilité, en FDD, d'optimiser les transmissions downlink en fonction des informations provenant du canal uplink [41, 46], il est toutefois plus complexe de s'appuyer sur l'hypothèse de la réciprocité contrairement à l'approche TDD. Dans un mode TDD, des méthodes de "calibration" des circuits RF peuvent être développées pour ne compenser que les perturbations introduites par les chaînes RF.

Au vu de ce qui précède, on observe que l'utilisation des transmissions TDD est beaucoup plus attractive du point de vue de la réciprocité du canal de transmission. Aussi, l'impossibilité d'obtenir une parfaite réciprocité entre les canaux UL et DL en FDD nous contraint à ne considérer que le mode de transmission TDD dans la suite de notre étude de la radio cognitive.

La section suivante nous permettra d'aborder plus concrètement la structure des filtres RF.

3.2.3 Modélisation des circuits RF

L'état de l'art des technologies de transmission MIMO (beamforming, space-time coding, etc) nous montre que la plupart des techniques multi-antennes employées nécessitent une séparation entre les différentes antennes de l'ordre de $\lambda/2$ (λ la longueur d'onde). La difficulté d'obtenir une parfaite isolation entre les différentes antennes génère dans certains cas des effets de couplage entre les antennes. Cela se traduit par le fait qu'une tension générée à partir d'un circuit RF d'une antenne induit une tension résiduelle sur les éléments à proximité, en l'occurrence les autres antennes [47].

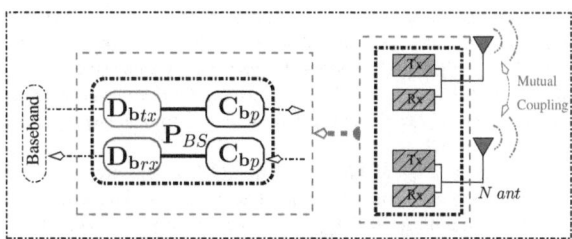

FIGURE 3.6 – *Description des effets de couplage entre les antennes.*

La figure 3.6 illustre les effets de couplage entre les circuits d'émission et de réception. Les effets de couplage dans les circuits RF dépendent également de la longueur d'onde, de la dimension et de la géométrie des antennes (circulaire, linéaire, etc) et de la séparation entre les antennes [48, 47, 49]. Il est ainsi possible de les modéliser sous la forme [48] :

$$
\begin{aligned}
\mathbf{C_P} &= (z_I + z_T)(\mathbf{Z} + z_T \mathbf{I}_M)^{-1} \\
\mathbf{Z} &= \begin{bmatrix} z_I + z_T & Z_{12} & \cdots & Z_{1M} \\ \vdots & \ddots & \cdots & \vdots \\ Z_{M1} & Z_{M2} & \cdots & z_I + z_T \end{bmatrix},
\end{aligned}
\tag{3.10}
$$

où z_I représente l'impédance de l'antenne en isolation, z_T l'impédance de la charge (e.g., le récepteur) et $\mathbf{Z}(i, j)$ la matrice des impédances mutuelles entre les antennes i et j, elle dépend de la géométrie des antennes.

En considérant 2 antennes de taille $l = \lambda/2$, séparées par une distance horizontale de d_h, les éléments (m, n) de la matrice $\mathbf{Z}_{mn}$ résultante sont :

$$
Z_{mn} = \begin{cases} 30[0.5772 + \ln(2wl) - \mathrm{Ci}(2wl)] + j[30\mathrm{Si}(2wl)], & m = n, \\ 30[2\mathrm{Ci}(u_0) - \mathrm{Ci}(u_2)] - j[30(2\mathrm{Si}(u_0) - \mathrm{Si}(u_2))], & m \neq n \end{cases}
\tag{3.11}
$$

Avec ln le logarithme Néperien, $\mathrm{Ci}(u) = -\int_u^\infty \frac{Cos(x)}{x} dx$ et $\mathrm{Si}(u) = \int_0^u \frac{Sin(x)}{x} dx$ respectivement les fonctions sinus et cosinus intégrale, $w = 2\pi/\lambda$ représente le nombre d'ondes, $u_0 = wd_h$, $u_1 = w(\sqrt{d_h^2 + l^2} + l)$ et $u_2 = w(\sqrt{d_h^2 + l^2} - l)$ [48, 47].

Distance	Matrice des impédances mutuelles
10λ	$\begin{bmatrix} 73.1 + i42.5 & 0.0 + i1.9 & 0.0 + i0.9 \\ 0.0 + i1.9 & 73.1 + i42.5 & 0.0 + i1.9 \\ 0.0 + i0.9 & 0.0 + i1.9 & 73.1 + i42.5 \end{bmatrix}$
$\lambda/2$	$\begin{bmatrix} 73.1 + i42.5 & -12.5 - i29.9 & 4.0 + i17.7 \\ -12.5 - i29.9 & 73.1 + i42.5 & -i12.5 - i29.9 \\ 4.0 + i17.7 & -12.5 - i29.9 & 73.1 + i42.5 \end{bmatrix}$
$\lambda/10$	$\begin{bmatrix} 73.1 + i42.5 & 67.3 + i7.5 & 51.4 - i19.2 \\ 67.3 + i7.5 & 73.1 + i42.5 & 67.3 + i7.5 \\ 51.4 - i19.2 & 67.3 + i7.5 & 73.1 + i42.5 \end{bmatrix}$

TABLE 3.1 – Matrices des impédances mutuelles d'un réseau de 3 antennes de dimension $\lambda/2$ disposées de manière uniforme et linéaire.

Cette relation nous permet de calculer de façon théorique la matrice des impédances mutuelles dans un réseau d'antennes et d'en déduire la matrice de couplage comme illustré dans le tableau 3.1. On observe ainsi que la matrice des impédances a une structure pleine quand les antennes sont proches ($\lambda/2$, $\lambda/10$), mais elle tend vers une matrice diagonale lorsque la distance entre les antennes augmente. Cela s'illustre également dans la structure de la matrice de couplage comme indiqué sur la figure 3.7.

En définitive, à partir de la figure 3.6 et la relation (3.10), nous proposons de modéliser les matrices RF sous la forme d'une combinaison des matrices de couplage $\mathbf{C}_P$ et de la fonction de transfert des filtres RF de transmission ($\mathbf{D_T}_{bs}, \mathbf{D_T}_{mu}$) et de réception ($\mathbf{D_R}_{bs}, \mathbf{D_R}_{mu}$) tels que :

$$
\begin{array}{ll}
\mathbf{T}_{BS} = \mathbf{C_{p}}_{bs}\mathbf{D_T}_{bs} & ; \quad \mathbf{R}_{BS} = \mathbf{D_R}_{bs}\mathbf{C_{p}}_{bs}, \\
\mathbf{T}_{MU} = \mathbf{C_{p}}_{mu}\mathbf{D_T}_{mu} & ; \quad \mathbf{R}_{MU} = \mathbf{D_R}_{mu}\mathbf{C_{p}}_{mu},
\end{array}
\tag{3.12}
$$

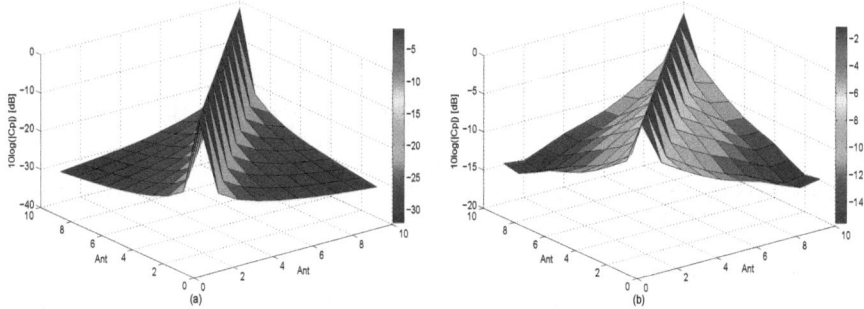

FIGURE 3.7 – *Amplitude des matrices de couplage pour* 10 *antennes (dipôles) de longueur* $\lambda/2$ *séparées respectivement de* 10λ *(a) et* $\lambda/10$ *(b).*

Il est important de noter que la relation 3.12 suppose la même matrice de couplage $\mathbf{C_p}$ à l'émission et à la réception. De même, on remarque que idéalement (sans effets de couplage) les matrices RF sont diagonales, vu que les éléments sur les diagonales de $\mathbf{D_{T}}_{bs}, \mathbf{D_{T}}_{mu}, \mathbf{D_{R}}_{bs}$ et $\mathbf{D_{R}}_{mu}$ correspondent bien aux fonctions de transfert de chaque chaîne RF TX/RX. Et puis qu'aucun transfert n'est effectué d'une chaîne RF à l'autre, alors les valeurs non diagonales de ces différentes matrices seront nulles. On en conclut logiquement que les matrices de couplage induisent des matrices RF ($\mathbf{T}_{BS}, \mathbf{T}_{MU}, \mathbf{R}_{BS}, \mathbf{R}_{MU}$) non diagonales.

Nous aborderons dans la section suivante nos propositions pour compenser l'effet des circuits RF et ainsi rétablir la réciprocité total du canal de transmission en TDD à travers des processus de calibration.

3.3 Restaurer la réciprocité du canal en TDD : état de l'art des méthodes de calibration

La réciprocité du canal de transmission et la calibration offrent des perspectives avantageuses pour l'amélioration des systèmes de transmission sans fil (estimation du canal, précodage, adaptation de gain, etc). En dépit de l'importance que représente la calibration, nous avons observé tout au long de nos investigations que peu d'études existent de nos jours sur les méthodes de restauration de la réciprocité du canal en TDD.

Les auteurs dans [43] ont montré qu'il était possible dans un système MIMO, d'exploiter la réciprocité du canal TDD à travers 2 étapes. La première consistant à réduire les erreurs de fréquence entre les mélangeurs (up/down converter) à la station de base tandis que la seconde étape permet d'égaliser les chaînes RF des antennes afin d'obtenir $\mathbf{T}_{BS}\mathbf{R}_{BS}^{H} \approx \mathbf{I}$. Par ailleurs, la littérature met en relief deux approches de la calibration des circuits RF (voir e.g. [50, 4] et les références associées). La première approche est la calibration dite ″*absolue*″ et la seconde plus flexible est dénommée calibration ″*relative*″. Cette dernière a fait son apparition pour compenser

39

les contraintes s'opposant à l'implémentation de la calibration absolue dans des systèmes déjà existants.

3.3.1 La calibration absolue

La calibration absolue préconise de compenser la non réciprocité du canal à travers une modification matérielle de la structure des circuits RF. Certaines implémentations proposent également l'utilisation d'équipements additionnels dans le but d'estimer et de compenser les perturbations introduites par les circuits RF [5, 51, 52]. La section suivante décrira plus concrètement un exemple de cette approche.

Calibration absolue : exemple I

Dans cette approche de la calibration absolue introduite dans [51, 52] et développée dans [4], les auteurs considèrent une station de base (BS) et un utilisateur (MU) dans un système de transmission MIMO-OFDM. Ils effectuent ensuite un précodage linéaire Zero-Forcing à l'émetteur BS (TX-Beamforming), basé sur la réciprocité du canal de transmission en TDD. La réciprocité permet ainsi de faciliter l'acquisition du canal de transmission indispensable au précodeur $\mathbf{P}$ (Beamformer). Le signal $\mathbf{y}$ reçu par l'utilisateur MU est représenté par :

$$
\begin{aligned}
\mathbf{y} &= \mathbf{GP}.\mathbf{x} + n \\
&= (\mathbf{R}_{mu}.\mathbf{C}.\mathbf{T}_{bs})(\mathbf{R}_{bs}^{-1}.\mathbf{C}^{-1}.\mathbf{T}_{mu}^{-1}).\mathbf{x} + n \\
\mathbf{P} &= ((\mathbf{H})^T)^{-1}.
\end{aligned}
\tag{3.13}
$$

La matrice $\mathbf{C}$ décrit comme précédemment le canal entre antennes et les matrices $\mathbf{R}_{bs}$ et $\mathbf{T}_{bs}$ représentent les filtres de transmission et de réception des circuits RF de la BS, idem pour les matrices $\mathbf{R}_{mu}$, $\mathbf{T}_{mu}$ de l'utilisateur. En supposant ces matrices diagonales (pas d'interférence entre les circuits RF), on en déduit la relation :

$$
c1\frac{TX_1}{RX_1} = c2\frac{TX_2}{RX_2} = ... = c3\frac{TX_N}{RX_N} = \alpha,
\tag{3.14}
$$

avec α une constante et $\frac{TX_i}{RX_i}$ les éléments sur la diagonale de la matrice $(\mathbf{T}_{bs}.\mathbf{R}_{bs}^{-1}) = \xi I$. La calibration dans ce cas consistera à trouver dans l'équation (3.14), les constantes c_N appelées facteurs de calibration.

Dans [4] les auteurs proposent 2 phases dans le processus de calibration illustrées dans la figure 3.8. La première phase consiste à fixer une chaîne RF de référence (e.g., TX_1, RX_1) ainsi que son facteur de calibration $c1 = 1$, afin de mesurer les facteurs c_N grâce à un "circuit de calibration" spécifique illustré dans la figure 3.8. Dans la seconde étape on appliquera ces facteurs de calibration aux transmissions de la station de base afin de compenser les effets des filtres RF. Dans l'étape de la mesure des facteurs de calibration on actionne les interrupteurs ($S1$, $S2$, etc) pour obtenir une boucle interne au niveau de la BS. L'atténuateur décrit dans la figure 3.8 intervient durant cette étape pour contrôler la puissance dans la boucle interne et ainsi éviter la saturation du LNA (low noisy amplifier) aux récepteurs de la BS. On note cependant que la calibration dans ce cas n'est pas effectuée à l'utilisateur (MU), car les perturbations RF du MU sont considérées moins restrictives. En effet, certaines publications considèrent que les terminaux introduisent simplement des décalages (offset) qui peuvent facilement être corrigés par des égaliseurs dans le circuit de réception du MU [43].

La section suivant illustre une approche différente de la calibration absolue en TDD.

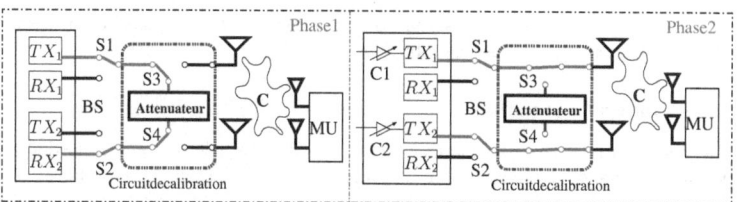

FIGURE 3.8 – *Illustration des 2 étapes principales de la calibration absolue avec N le nombre d'antennes d'émission et M le nombre d'antennes à la réception [4].*

Calibration absolue : exemple II

Dans notre recherche de solutions pour restaurer la réciprocité du canal, nous avons également étudié une autre approche de la calibration absolue parue dans [53, 5]. Cette approche illustrée dans la figure 3.9 propose de modifier la structure standard des circuits RF afin de les rendre le plus réciproque possible (structure similaire en transmission comme en réception). En effet,

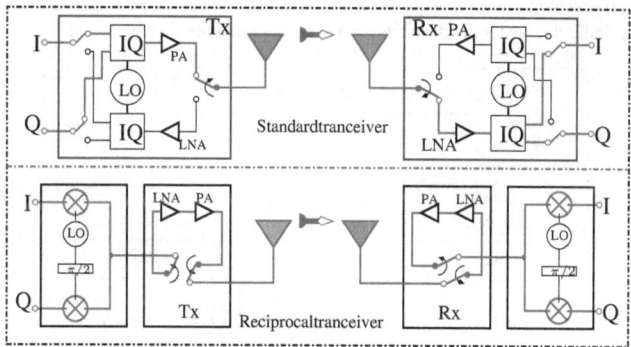

FIGURE 3.9 – *Illustration du circuit RF réciproque, proposé pour la calibration absolue dans [5].*

comme on peut l'observer dans l'équation (3.7), si le circuit de transmission et de réception sont identiques on obtient :

$$\begin{aligned} \mathbf{T}_{BS}(f) = \mathbf{T}_{MU}(f) &= \mathbf{R}_{BS}(f) = \mathbf{R}_{MU}(f) \\ \Leftrightarrow \mathbf{H}(t,f) &= \mathbf{G}^{T}(t,f), \end{aligned} \tag{3.15}$$

et l'hypothèse de la réciprocité du canal est ainsi vérifiée.

Toutefois, dans la pratique cette approche montre ses limites dans la mesure ou elle impose aux constructeurs une architecture particulière des circuits RF à la station de base et aux utilisateurs, une contrainte qui est difficilement applicable dans notre scénario RC.

Partant de ces observations sur la calibration absolue, nous avons évalué une autre approche dénommée "calibration relative", elle suggère d'utiliser uniquement les signaux transmis entre les différents terminaux pour effectuer la calibration.

3.3.2 La calibration relative

La calibration relative a été introduite dans [50], elle offre une plus grande flexibilité par rapport à la calibration absolue. En effet la calibration relative suggère de n'appliquer aucune modification dans la structure matérielle des circuits RF. Elle propose plutôt d'implémenter les algorithmes et les procédures de calibration directement dans les signaux transmis, la partie logicielle ou les protocoles du système de transmission. Ainsi, les travaux publiés dans [50, 54] proposent d'extraire les paramètres des circuits RF en exploitant les informations contenues dans l'estimation des canaux UL et DL. Les sections suivantes permettront de mettre en relief plusieurs approches de la calibration relative.

Illustration de la calibration relative

Nous introduirons cette approche de la calibration à travers un exemple inspiré de [50] et illustré dans [6]. Contrairement aux approches précédentes (section. 3.3.1), dans cette étude, les auteurs proposent de calibrer les circuits RF simultanément à la station de base et au niveau des utilisateurs mobiles. Comme on peut l'observer sur la figure 3.10, cette calibration est effectuée en considérant individuellement chacun des liens entre les antennes m, n du canal $M \times N$-MIMO.

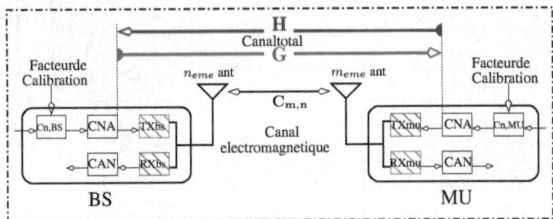

FIGURE 3.10 – *Illustration de la calibration relative [6]*

Ainsi, comme dans la relation (3.14), il est possible d'écrire :

$$c_{MU,1} \frac{TX_{MU,1}}{RX_{MU,1}} = c_{MU,2} \frac{TX_{MU,2}}{RX_{MU,2}} = ... = c_{MU,M} \frac{TX_{MU,M}}{RX_{MU,M}}$$
$$c_{BS,1} \frac{TX_{BS,1}}{RX_{BS,1}} = c_{BS,2} \frac{TX_{BS,2}}{RX_{BS,2}} = ... = c_{BS,N} \frac{TX_{BS,N}}{RX_{BS,N}}$$
(3.16)

Les conditions de calibration à la station de base et à l'utilisateur, basées sur les éléments de la diagonale des circuit RF. Le but de la calibration ici consiste à déterminer les facteurs $c_{MU,m}$ et $c_{BS,n}$ respectant la relation 3.16.

Dans le but de déterminer ces facteurs de calibration, les auteurs initialisent tout d'abord $c_{MU,m} = c_{BS,n} = 1$. Ensuite, pour chacune de ces antennes m le terminal transmet des pilotes orthogonaux dédiés à l'estimation du canal UL entre la première antenne de BS et sa m^{eme} antenne. BS exécute la même opération dans le but de permettre l'estimation du canal DL du lien $1, m$ par l'utilisateur. Pour finir la station de base retransmet l'estimation précédente du canal UL à l'utilisateur, permettant ainsi à celui-ci de déterminer $c_{MU,m}$ grâce au rapport des estimations de canal. Cette opération est réitérée jusqu'à l'estimation totale des facteurs pour chacune des antennes à la station de base et à l'utilisateur.

Nous proposons dans notre étude de la radio cognitive, d'explorer des approches similaires. Nous proposerons et évaluerons dans les sections suivantes les méthodes de la "calibration relative" adaptées à notre scénario RC.

3.4 Techniques de calibration relative MIMO : domaine fréquentiel

Comme nous l'avons déjà illustré, l'utilisation de la modulation OFDM permet de décomposer le canal de transmission sélectif en fréquence en plusieurs sous-canaux non-sélectifs dans le domaine fréquentiel sur chacune des sous-porteuses OFDM. Nous proposons donc de calibrer le système en fréquence sur chacune des sous-porteuse OFDM, dans le souci de simplifier les opérations matricielles, et par conséquent le processus de calibration tout entier.

On suppose les matrices RF : $\mathbf{T}$ et $\mathbf{R}$ carrées et non singulières. A partir de l'équation (3.6), il est possible d'écrire :

$$\begin{aligned} \mathbf{H}(t,f) &= \mathbf{R}_{BS}(f).\mathbf{C}^T(t,f).\mathbf{T}_{MU}(f) \\ \Leftrightarrow \mathbf{C}(t,f) &= \mathbf{T}_{MU}^{-T}(f).\mathbf{H}^T(t,f).\mathbf{R}_{BS}^{-T}(f), \end{aligned} \tag{3.17}$$

En remplaçant (3.17) dans (3.6), on obtient :

$$\begin{aligned} \mathbf{G}(t,f) &= \mathbf{R}_{MU}(f).\mathbf{T}_{MU}^{-T}(f).\mathbf{H}^T(t,f).\mathbf{R}_{BS}^{-T}(f).\mathbf{T}_{BS}(f) \\ &= \mathbf{P}_{MU}(f).\mathbf{H}^T(t,f).\mathbf{P}_{BS}(f), \end{aligned} \tag{3.18}$$

avec $\mathbf{P}_{MU}(f) = \mathbf{R}_{MU}(f).\mathbf{T}_{MU}^{-T}(f)$ et $\mathbf{P}_{BS}(f) = \mathbf{R}_{BS}^{-T}(f).\mathbf{T}_{BS}(f)$.

La calibration dans notre scénario RC-MIMO consistera donc à déterminer les coefficients des matrices RF $\mathbf{P}_{BS}(f)$ et $\mathbf{P}_{MU}(f)$. Grâce à la détermination de ces matrices, il sera possible de reconstruire la matrice du canal DL à partir de la matrice du canal UL et vice versa. Ces reconstructions seront finalement exploitées dans le TX-Beamfoming du scénario RC.

Notons tout de même que des approches similaires sont proposées dans [50, 54]. Les travaux parus dans [50] décrivent des méthodes de calibration relatives adaptées aux systèmes SISO, SIMO, MISO, et MIMO. Toutefois, cette étude met en exergue la complexité de la calibration MIMO, particulièrement en présence des effets de couplage entre antennes.

La première approche de la calibration MIMO que nous étudierons dans notre étude RC-MIMO est explicitée dans la section suivante.

3.4.1 Technique de calibration "MxN-SISO"

La première approche de la calibration que nous évaluerons dans notre étude suggère de considérer chaque lien dans le canal MIMO comme un canal SISO ainsi, il sera possible d'appliquer la calibration SISO sur chacun des liens du canal MIMO décrit dans la figure 3.11.

Dans la calibration dite MxN-SISO on considérera chaque lien $[i,j](i \in M, j \in N)$ dans le canal MIMO comme un canal SISO. Le fait de décomposer le canal MIMO comme un ensemble

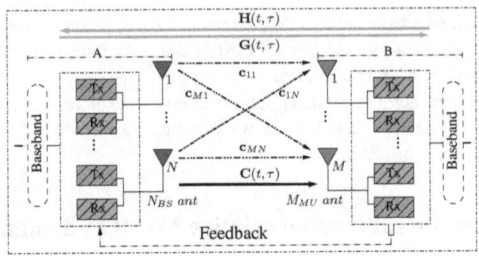

FIGURE 3.11 – *Description des filtres de transmission (Tx) et de réception dans un système MIMO-TDD.*

de canaux SISO nous permet d'écrire les facteurs scalaires des circuits RF de l'équation (3.18) tels que :

$$\mathbf{G}_{(i,j)}(t,f) = P_{MU(ii)}\mathbf{H}_{(j,i)}(t,f)P_{BS(jj)} \tag{3.19}$$

où $P_{MU(ii)}$ et $P_{BS(ii)}$ sont les éléments sur la diagonale des matrices :

$$\mathbf{P}_{BS}(f) = \begin{bmatrix} P_{BS(11)} & \cdots & P_{BS(1N)} \\ \vdots & \ddots & \vdots \\ P_{BS(N1)} & \cdots & P_{BS(NN)} \end{bmatrix},$$

$$\mathbf{P}_{MU}(f) = \begin{bmatrix} P_{MU(11)} & \cdots & P_{MU(1M)} \\ \vdots & \ddots & \vdots \\ P_{MU(M1)} & \cdots & P_{MU(MM)} \end{bmatrix}. \tag{3.20}$$

Les scalaires $P_{BS(jj)}$ et $P_{MU(ii)}$ peuvent ainsi être permutés et on obtient :

$$\begin{aligned} \mathbf{G}_{(i,j)} &= P_{MU(ii)}P_{BS(jj)}\mathbf{H}_{(j,i)}, \\ &= P_{ji}\mathbf{H}_{(j,i)}, \\ P_{ji} &= P_{BS(jj)}P_{MU(ii)}, \end{aligned} \tag{3.21}$$

et les matrices des canaux sont écrites sans les indices (t, f) dans un souci de simplicité.

Dans la pratique, les canaux UL $\mathbf{H}$ et DL $\mathbf{G}$ sont estimés en utilisant des séquences d'apprentissage dénommées *"séquences pilotes"*. L'utilisation de ces séquences pilotes introduit des erreurs d'estimations (α_G, α_H que nous considérerons dé-corrélées) tels que les canaux estimés obtenues $\hat{\mathbf{G}}$ $\hat{\mathbf{H}}$ s'expriment suivant la forme :

$$\begin{aligned} \hat{\mathbf{G}} &= \mathbf{G} + \tilde{\mathbf{G}}, \\ \hat{\mathbf{H}} &= \mathbf{H} + \tilde{\mathbf{H}}. \end{aligned} \tag{3.22}$$

On suppose les erreurs d'estimation $\tilde{\mathbf{G}}$ et $\tilde{\mathbf{H}}$ Gaussiennes indépendantes et identiquement distribuées (i.i.d. indepent and identically distributed) de moyenne nulle et de variance unitaire. Grâce aux méthodes des moindres carrées (Least squares LS) [55] il est possible de déterminer les paramètres de calibration en "surdéterminant" le système. Cependant, dans un système LS

44

classique, les erreurs sont tolérées sur l'un des paramètres (G ou H) tandis que l'autre est supposé parfaitement connu [55, 56]. La détermination des facteurs de calibration avec les imperfections $\check{G}$ et $\check{H}$ peut s'exprimer sous la forme d'un système Total Least Squares (TLS) [56]. En effet, une approche TLS classique détermine les corrections minimales (α_G et α_H) à appliquer aux paramètres $\hat{G}$ et $\hat{H}$, et permet d'estimer un paramètre P tel que :

$$(\hat{G} + \alpha_G) = (\hat{H} + \alpha_H)P. \tag{3.23}$$

En réécrivant le système sous la forme d'une optimisation sous contraintes, on obtient :

$$P = \underset{\{P, \alpha_G, \alpha_G\}}{\arg\min} \left(\||[\alpha_G \ \alpha_H]|\|_F \right)$$
$$\text{s.t } (\hat{G} + \alpha_G) = (\hat{H} + \alpha_H)P. \tag{3.24}$$

Comme dans un système LS classique, l'existence d'une solution est également conditionnée par un sur-dimensionnement du système [56]. Par ailleurs, dans [50], les auteurs s'appuient sur une étude préliminaire du TLS structuré (STLS), parue dans [57] et qui révèle qu'au lieu de minimiser la matrice $\||[\alpha_G \ \alpha_H]|\|$ dans l'équation (3.24), on obtient des améliorations en minimisant l'expression $(\|\alpha_G\|^2 + \|\alpha_H\|^2)$ (lorsque $P \in \mathbb{C}^{1 \times N}$ est un vecteur), tout en imposant une structure particulière (e.g., matrice Toeplitz) à la matrice de correction E_h telle que :

$$P = \underset{\{P, \alpha_G, \alpha_G\}}{\arg\min} \left(\|\alpha_G\|^2 + \|\alpha_H\|^2 \right)$$
$$\text{s.t.} \quad (\hat{G} + E_g) = (\hat{H} + E_h)P,$$
$$\text{avec } E_h = \begin{bmatrix} \alpha_{Hn} & \alpha_{Hn-1} & \cdots & \alpha_{H1} \\ \alpha_{Hn+1} & \alpha_{Hn} & \cdots & \alpha_{H2} \\ \vdots & \ddots & & \vdots \\ \alpha_{Hm+n-1} & \alpha_{Hm+n-2} & \cdots & \alpha_{Hm} \end{bmatrix}. \tag{3.25}$$

Ces structures matricielles modélisent la calibration dans le domaine temporel avec un canal sélectif en fréquence.

Dans notre scénario RC pratique, l'utilisation de la modulation OFDM, nous permet de décomposer le canal en plusieurs sous canaux non sélectifs en fréquence dans le domaine fréquentiel. Ensuite, grâce à l'utilisation de la formulation TLS dans notre cas pratique, on déterminera les matrices de calibration RF dans un canal bruité à travers nos hypothèses initiales rappelés ci-dessous :

– *Hypothèse 1* : Les matrices RF sont entièrement dépendantes des composants électroniques.

– *Hypothèse 2* : Les propriétés des matrices RF varient lentement dans le temps.

À partir de là, une approche consiste à exploiter K versions différentes des canaux UL/DL dans le temps dans le but de sur-dimensionner notre système d'équation et ainsi extraire les paramètres RF [50]. En effet cette solution présuppose que les canaux UL/DL varient plus rapidement que les matrices des circuits RF.

Plus concrètement, on considérera $\hat{G}_c$ et $\hat{H}_c$ respectivement les canaux SISO DL et UL issus de la concaténation des canaux UL/DL collectés dans le temps entre la j^{eme} antenne à la station de base et la i^{eme} antenne de l'utilisateur tel que :

$$\hat{G}_c = [\hat{G}_{(i,j)1}, ..., \hat{G}_{(i,j)K}], \hat{H}_c = [\hat{H}_{(j,i)1}, ..., \hat{H}_{(j,i)K}].$$

In fine, le problème est réécrit suivant la forme :

$$\mathbf{P} = \underset{\{\mathbf{P},\alpha_{\mathbf{Gc}},\alpha_{\mathbf{Hc}}\}}{\arg\min} \ (|||[\alpha_{\mathbf{Gc}} \ \alpha_{\mathbf{Hc}}]||_F)$$
$$\text{s.t} \ (\hat{\mathbf{G}}_{\mathbf{c}} + \alpha_{\mathbf{Gc}}) = (\hat{\mathbf{H}}_{\mathbf{c}} + \alpha_{\mathbf{Hc}})\mathbf{P}. \tag{3.26}$$

avec $\alpha_{\mathbf{Gc}}$ et $\alpha_{\mathbf{Hc}}$ les corrections appliquées à $\hat{\mathbf{H}}$ et $\hat{\mathbf{G}}$. Plusieurs solutions aux systèmes TLS sont décrites dans la littérature (e.g. [56, 57]). Dans notre étude, nous déterminerons $\mathbf{P}$ en utilisant la décomposition en valeurs singulières (Singular Value Decomposition SVD) des matrices mise en œuvre dans [56]. Pour chaque sous-porteuse OFDM f, supposons SVD($[\hat{\mathbf{H}}_{\mathbf{c}} \ \hat{\mathbf{G}}_{\mathbf{c}}]$) = $\mathbf{S\Lambda V}^H$ la décomposition en valeur singulière de la matrice $[\hat{\mathbf{H}}_{\mathbf{c}} \ \hat{\mathbf{G}}_{\mathbf{c}}]$. La solution $\mathbf{P}_{tls}(f)$ au sens TLS de l'équation (3.26) réside dans la matrice $\mathbf{V}$ et s'exprime comme suit :

$$P = -\frac{1}{v_{M^2+N^2,M^2+N^2}}\mathbf{v}_{M^2+N^2}, \tag{3.27}$$

avec $\mathbf{V} \in \mathbb{C}^{2\times 2}$. Les performances de cette calibration seront évaluées dans la section suivante.

L'opération de calibration est ainsi effectuée sur chacune des S sous-porteuses constituant le symbole OFDM. Certains inconvénients sont toutefois liés cette approche de la calibration qui décompose le canal MIMO en plusieurs sous canaux SISO. En effet, cette solution introduite dans [50] simplifie la procédure de calibration en supposant les matrices des chaînes RF diagonales. On remarque dans les équations (3.19, 3.20 et 3.21) que les coefficients des matrices RF sont uniquement représentés par les éléments sur la diagonale (ii, jj). Mais comme nous l'avons illustré dans la section 3.2.3, cette assertion n'est vérifiée que lorsque les effets de couplage des différentes antennes à l'émission et à la réception sont considérées comme nulles.

Les sections suivantes aborderont des méthodes de calibration plus directes permettant de déterminer les matrices $\mathbf{P}_{BS}, \mathbf{P}_{MU}$.

3.4.2 Algorithme "Alternating-TLS"

Dans l'approche précédente, on remarque que les éléments des matrices de calibration sont déterminés de façon individuelle sur chaque canaux SISO en utilisant la solution SVD des systèmes Total Least Squares (TLS). Cependant, il est possible de déterminer directement les matrices de calibration RF en exploitant une idée également énoncée dans [50].

Dans cette seconde approche de la calibration relative, le but est de déterminer directement les matrices $\mathbf{P}_{BS}$ et $\mathbf{P}_{MU}$. Mais comme mentionné précédemment l'impossibilité de permuter les matrices RF dans l'équation (3.18) rend le problème encore plus complexe. Une solution dénommée "Alternating TLS" consiste à supposer alternativement l'une des matrices parfaitement connue (e.g., $\mathbf{P}_{BS}$) et ensuite à estimer la seconde ($\mathbf{P}_B$) en utilisant une formulation TLS. Les matrices $\mathbf{P}_{BS}$ et $\mathbf{P}_{MU}$ sont ensuite estimées de façon itérative. Ce qui conduit à l'algorithme suivant :

Toutefois, cette méthode est intuitive et nous n'avons encore trouvé aucune preuve de convergence. Cette constatation nous a poussé à évaluer une troisième technique de calibration décrite dans la section suivante. Les résultats relatifs aux performances seront observés dans la suite.

3.4.3 Technique "TLS-MIMO"

La troisième technique de calibration sur les sous-porteuses OFDM consiste à réécrire l'équation (3.18) directement sous une forme TLS. Partant de la relation (3.18), on constate en

---

Algorithm 1 Procédure de calibration Alternating-TLS

1: Initialiser N_{It}, Cr, le nombre d'itérations max et le critère d'arrêt ;
2: ▷ **Collecter** K **canaux UL/DL**
3: ▷ **Calibration**
4: Initialiser $\mathbf{P}_{BS} = \mathbf{I}_N$;
5: **for** $((it = 1 : N_{It})$ && $(k \le Cr))$ **do**
6:     Déterminer $\hat{\mathbf{P}}_{MUit}$ dans la formulation TLS :

$$\hat{\mathbf{P}}_{MUit} = \underset{\{\hat{\mathbf{P}}_{MU}, \alpha_{\mathbf{Gc}}, \alpha_{\mathbf{Hc}}\}}{\arg\min} \quad (\|[\alpha_{\mathbf{Gc}} \quad \alpha_{\mathbf{Hc}}]\|_F)$$
$$\text{s.t } (\hat{\mathbf{G}}_{\mathbf{c}} + \alpha_{\mathbf{Gc}}) = (\hat{\mathbf{H}}_{\mathbf{c}} + \alpha_{\mathbf{Hc}})^T \hat{\mathbf{P}}_{MU}.$$

7:     Utiliser la solution TLS de $\hat{\mathbf{P}}_{MUit}$ et déduire $\hat{\mathbf{P}}_{BSit}$ dans :

$$\hat{\mathbf{P}}_{BSit} = \underset{\{\hat{\mathbf{P}}_{BS}, \alpha_{\mathbf{Gc}}, \alpha_{\mathbf{Hc}}\}}{\arg\min} \quad (\|[\alpha_{\mathbf{Gc}} \quad \alpha_{\mathbf{Hc}}]\|_F)$$
$$\text{s.t } (\hat{\mathbf{G}}_{\mathbf{c}} + \alpha_{\mathbf{Gc}})^T = \{\hat{\mathbf{P}}_{MUit}^T (\hat{\mathbf{H}}_{\mathbf{c}} + \alpha_{\mathbf{Hc}})\} \hat{\mathbf{P}}_{BSit}^T.$$

8: **end for**

---

supposant les matrices de calibration $\mathbf{P}_{BS}(f)$ et $\mathbf{P}_{MU}(f)$ inversibles, qu'il est possible d'écrire :

$$\begin{aligned} \mathbf{G}(t,f) &= \mathbf{P}_{MU}(f).\mathbf{H}^T(t,f).\mathbf{P}_{BS}(f), \Leftrightarrow \\ \mathbf{P}_{MU}^{-1}(f)\mathbf{G}(t,f) - \mathbf{H}^T(t,f).\mathbf{P}_{BS}(f) &= \mathbf{0}. \end{aligned} \quad (3.28)$$

Dans le but de déterminer $\mathbf{P}_{MU}(f)$ et $\mathbf{P}_{BS}(f)$, nous proposons de réécrire la relation (3.28) sous la forme de l'optimisation suivante :

$$\underset{\{\mathbf{P}_{MU}, \mathbf{P}_{BS}\}}{\min} \|\mathbf{P}_{MU}^{-1}(f)\mathbf{G}(t,f) - \mathbf{H}^T(t,f)\mathbf{P}_{BS}(f)\|_F^2 . \quad (3.29)$$

On la reformule ensuite telle que :

$$\underset{\{\mathbf{P}_{MU}, \mathbf{P}_{BS}\}}{\min} \|vec(\mathbf{P}_{MU}^{-1}(f)\mathbf{G}(t,f)) - vec(\mathbf{H}^T(t,f)\mathbf{P}_{BS}(f))\|^2. \quad (3.30)$$

Par ailleurs, la relation :

$$\begin{aligned} &vec(\mathbf{P}_{MU}^{-1}(f)\mathbf{G}(t,f)) - vec(\mathbf{H}^T(t,f)\mathbf{P}_{BS}(f)) = \\ &(\mathbf{G}^T(t,f) \otimes \mathbf{I}_M)vec(\mathbf{P}_{MU}^{-1}(f)) - (\mathbf{I}_N \otimes \mathbf{H}^T(t,f))vec(\mathbf{P}_{BS}(f)), \end{aligned} \quad (3.31)$$

permet de réécrire le système (3.29) comme une optimisation TLS sous contraintes :

$$\begin{aligned} &\underset{\{\mathbf{p}_{MB}, \Delta\mathbf{A_T}\}}{\min} \|\Delta\mathbf{Z_K}\|_F \\ &\text{s.t } (\hat{\mathbf{Z}}_{\mathbf{K}} + \Delta\mathbf{Z_K})\mathbf{p}_{MB}(f) = \mathbf{0}_{(K.M.N) \times 1}, \\ &\mathbf{p}_{MB}(f) = \begin{bmatrix} vec(\mathbf{P}_{MU}^{-1}(f)) \\ vec(\mathbf{P}_{BS}(f)) \end{bmatrix}, \hat{\mathbf{Z}}_{\mathbf{K}} = \begin{bmatrix} \hat{\mathbf{Z}}(1,f) \\ \vdots \\ \hat{\mathbf{Z}}(K,f) \end{bmatrix}, \end{aligned} \quad (3.32)$$

avec $\hat{\mathbf{Z}} = [(\hat{\mathbf{G}}^T(t,f) \otimes \mathbf{I}_M)) \quad -(\mathbf{I}_N \otimes \hat{\mathbf{H}}^T(t,f))]$. Où $(\hat{\mathbf{H}}, \hat{\mathbf{G}}$ représentent les canaux UL/DL estimés sur chacune des sous-porteuses, $\Delta\mathbf{Z_K}$ la matrice de correction des estimations UL et DL. On utilise également K versions des couples de canaux UL/DL dans le but de sur-dimensionner le système TLS. Ce sur-dimensionnement doit garantir la relation :

$$KMN > (M^2 + N^2) \Leftrightarrow K > (\frac{M}{N} + \frac{N}{M}) \tag{3.33}$$

En utilisant la SVD$\{\mathbf{Z_K}\} = \mathbf{UDV}^H$ pour résoudre cette formulation TLS, la solution $(\hat{\mathbf{p}}_{MB}(f))$ réside dans la dernière colonne de $\mathbf{V}$ comme illustré dans plus haut [56, 39].

La section suivante évaluera les performances des différentes approches de la calibration proposées plus haut.

3.4.4 Résultats des simulations et observations

Paramètres de simulation

Nous évaluerons tout d'abord les différents algorithmes de calibration en considérant un canal $M \times N = 2 \times 2$ MIMO avec 2 antennes à l'émission et à la réception. Nous générons ensuite de façon aléatoire pour chaque sous-porteuse OFDM une matrice du canal entre antennes $\mathbf{C} \in \mathbb{C}^{M \times N}$ (figure 3.11.) tels que les éléments de la matrice $\mathbf{C}$ suivent une distribution normale complexe $C\mathcal{N}(\mu_c, \Phi_{c_{2\times2}})$, de moyenne μ_c et de matrice de covariance $\Phi_c = \frac{1}{2}\sigma_C^2 \mathbf{I}_2$.

Nous supposerons également que les matrices RF sur chacune des sous-porteuses sont i.i.d et suivent une loi normale centrée réduite.

Dans le but de reproduire les effets de couplage entre les différentes antennes dans les circuits RF à l'émission et à la réception, nous évaluerons les transmissions avec des matrices diagonales et non diagonales. Le nombre de canaux UL/DL maximum généré (dans le temps) sur toute la durée de l'expérience est fixé à K_{max}, dont $K \leq K_{max}$ seront finalement utilisés pour déduire les paramètres de calibration $\mathbf{P}_{BS}$ et $\mathbf{P}_{MU}$. La dernière étape consistera à reconstruire le canal DL en utilisant que le canal UL et les facteurs de calibration. Les erreurs quadratiques moyennes (MSE : mean square error) des différentes reconstructions du canal DL $\hat{\mathbf{G}}_{rec}$ seront ainsi comparées au canal parfait DL $\mathbf{G}$ en fonction de l'algorithme de calibration utilisé.

$$MSE = E(\|\mathbf{G} - \hat{\mathbf{G}}_{rec}\|_F^2), \hat{\mathbf{G}}_{rec} = \mathbf{G} + \alpha_{G_{rec}}. \tag{3.34}$$

La précision de reconstruction sera ensuite évaluée en utilisant un estimateur conventionnel de la moyenne de la matrice $\mathbf{G}$ au sens du maximum de vraisemblance

$$\hat{\mu}_g = \frac{1}{M \times N} \sum_{i=1}^{M} \sum_{j=1}^{N} \hat{\mathbf{G}}_{(i,j)}; \tag{3.35}$$

en supposant nos erreurs d'estimation α_G Gaussiennes. Le MSE de cet estimateur est finalement comparé avec celui obtenu avec les algorithmes de calibration.

Évaluation des performances

Les premières simulations décrites dans la figure 3.12 évaluent les performances en l'absence de couplage. On obtient donc des matrices $\mathbf{P}_{BS}$ et $\mathbf{P}_{MU}$ diagonales.

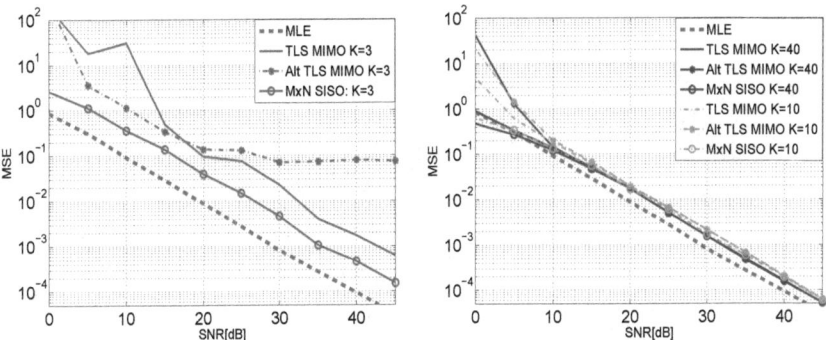

FIGURE 3.12 – *Performances de reconstruction des algorithmes avec des matrices de calibration diagonales, $K_{max} = 40$ et $K = \{3, 10, 40\}$.*

Pour l'évaluation de la capacité de reconstruction des algorithmes, nous générons de façon aléatoire la matrice du canal entre antennes **C** et les filtres des circuits RF.

Pour $K = 3$ on obtient, de meilleures performances de reconstruction du canal downlink avec l'algorithme $M \times N$ SISO (figure 3.12). Cela peut s'expliquer par le fait que la méthode $M \times N$ SISO non seulement détermine moins de paramètres par rapport aux deux autres, mais en plus, elle se focalise uniquement sur la détermination des paramètres appartenant à la diagonale tandis que les autres méthodes déterminent chaque paramètre des matrices RF, augmentant ainsi le risque d'erreurs. On observe par contre un meilleur MSE pour les 3 méthodes, en augmentant le nombre d'estimations $K = 10$. Les performances observées sont égales aux cas où $K = K_{max} = 40$. Plusieurs simulations ont montrés que des valeurs de $K \in [10 \quad 15]$ étaient suffisantes pour déterminer avec précision les paramètres de calibration.

En présence de couplage (modélisé par les matrices RF $\mathbf{P}_{A,B}$ aléatoires et non diagonales), les performances de la méthode $M \times N$ SISO s'effondrent, tandis que techniques Alt-TLS-MIMO et TLS-MIMO permettent d'obtenir de meilleurs MSE, avec de meilleurs résultats pour l'algorithme TLS-MIMO (voir figure 3.13).

3.4.5 Etude de la complexité algorithmique

Dans cette section nous étudions la complexité algorithmique des différents algorithmes proposés.

Notons It le nombre fixé d'itérations permettant la détermination des matrices $\mathbf{P}_{BS}$ et $\mathbf{P}_{MU}$ dans l'algorithme Alt-TLS-MIMO.

La complexité algorithme sera déterminé à partir du nombre d'opération à virgule flottante par seconde (floating point operations per second : FLOPS) requis pour effectuer un décomposition en valeur singulière (SVD), car elle représente l'opération principale à effectuer dans la détermination des solutions aux problèmes TLS. À partir de l'étude [58], on obtient :

$$\mathcal{O}(min(NM^2, MN^2)) \text{ FLOPS},$$

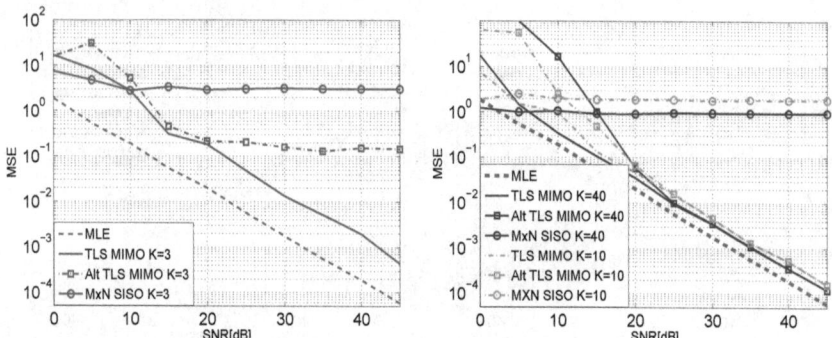

FIGURE 3.13 – *Performances de reconstruction des algorithmes avec des matrices de calibration non diagonales, $K_{max} = 40$ et $K = \{3, 10, 40\}$.*

Le nombre d'opération requis pour la SVD. Partant de là, on en déduit la complexité algorithmique des trois techniques de calibration comme suit :

$M \times N$ **SISO : 1 opération SVD**

$$\mathcal{C}p_1 = \mathcal{O}(\min(2K^2, K2^2)MN) \tag{3.36}$$

Alt TLS MIMO : 2 SVD, It iterations

$$
\begin{aligned}
\min_1 &= \min(KM(2N)^2, (KM)^2 2N), \\
\min_2 &= \min(KN(2M)^2, (KN)^2 2M), \\
\mathcal{C}p_2 &= \mathcal{O}(It(\min_1 + \min_2)).
\end{aligned}
\tag{3.37}
$$

TLS MIMO : 1 SVD, 2 Kronecker products, K estimates

$$
\begin{aligned}
\min_3 &= \min((KMN)^2(N^2 + M^2), KMN(N^2 + M^2)^2), \\
\mathcal{C}p_3 &= \mathcal{O}(\min_3 + K(M^2 N^2 + M^3 N)).
\end{aligned}
\tag{3.38}
$$

La figure 3.14 nous montre le temps d'exécution de chaque algorithme ainsi que le nombre d'opérations élémentaires en fonction du nombre d'estimations K. Le temps d'exécution est obtenu sur un ordinateur avec le caractéristiques suivantes : $3GB$ RAM, CPU Intel P-7450 $2,13GHz$.

On note que la complexité de la méthode $M \times N$ SISO augmente très lentement (quasi constante) en fonction de K et est moins restrictive en terme d'opérations. Alors que l'algorithme Alt-TLS-MIMO requiert un nombre supérieur de calcul, ce qui laisse présager une implémentation plus complexe sur une plateforme temps-réel.

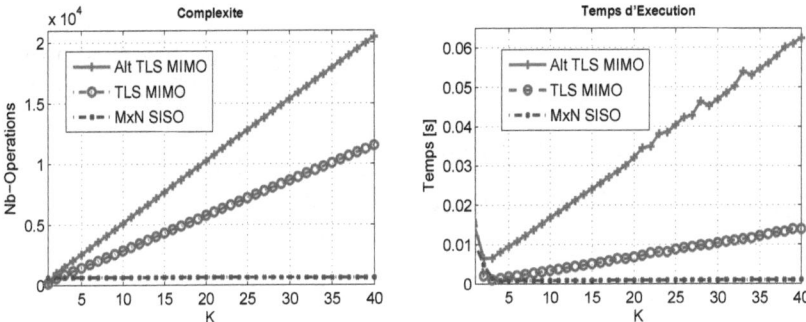

FIGURE 3.14 – *Complexité algorithmique et temps d'exécution des instructions.*

In fine, on remarquera que la complexité de la calibration OFDM augmente avec le nombre de sous-porteuses car l'algorithme est ré-exécuté pour chaque sous-porteuses.

3.5 Approche de la calibration dans le domaine temporel

3.5.1 Principe

L'idée de développer la calibration MIMO dans le domaine temporel vient du constat selon lequel la complexité de la calibration sur les sous-porteuses OFDM augmente avec le nombre de sous-porteuses, ce qui peut s'avérer contraignant dans un système MIMO-OFDM large bande. Dans le but de résoudre ce problème nous proposons dans cette section d'évaluer une méthode de calibration relative dans le domaine temporel. Cette approche permettra par ailleurs de généraliser l'approche de la calibration aux systèmes n'utilisant pas de modulation OFDM. Aussi le nombre de paramètre dans le domaine temporel (multi-trajets) est généralement réduit par rapport au nombre de sous-porteuses utilisé dans les systèmes de transmission OFDM (de 64 à 2048 sous-porteuses).

En partant de l'équation (3.18) dans le domaine fréquentiel, nous pouvons écrire :

$$\mathbf{P}_{MU}^{-1}(f)\mathbf{G}(t,f) = \mathbf{H}^T(t,f)\mathbf{P}_{BS}(f), \tag{3.39}$$

ce qui nous conduit à la représentation temporelle suivante :

$$\mathbf{Q}(\tau) * \mathbf{G}(t,\tau) = \mathbf{H}^T(t,\tau) * \mathbf{P}(\tau) \tag{3.40}$$

avec $\mathbf{Q}(\tau) = \mathscr{F}^{-1}\{\mathbf{P}_{MU}^{-1}(f)\}, \mathbf{P}(\tau) = \mathscr{F}^{-1}\{\mathbf{P}_{BS}(f)\}$. L'objectif de la calibration dans le domaine temporel est donc de déterminer les matrices RF $\mathbf{Q}(\tau)$ et $\mathbf{P}(\tau)$ permettant de restaurer la réciprocité du canal sélectif en fréquence. Nous proposons ici également d'exploiter les informations contenues dans les canaux UL/DL en reformulant l'équation (3.40) sous la forme d'une multiplication matricielle utilisant des matrices block Toeplitz. Ainsi, pour un temps t donné, nous déduisons les relations suivantes :

$$\mathbf{q}_{ii}(\tau) * \mathbf{g}_{ii}(t,\tau) = \mathbf{T}_{\mathbf{Q}_{ii}}[\tau]\mathbf{g}_{ii}(t,\tau) \qquad (3.41)$$

$$\mathbf{h}_{ii}(t,\tau) * \mathbf{p}_{ii}(\tau) = \mathbf{T}_{\mathbf{H}ii}(t,\tau)\mathbf{p}_{ii}(\tau), \qquad (3.42)$$

avec

$$\mathbf{Q}(t,\tau) = \begin{bmatrix} \mathbf{q}_{11}(t,\tau) & \cdots & \mathbf{q}_{1M}(t,\tau) \\ \vdots & \ddots & \vdots \\ \mathbf{q}_{M1}(t,\tau) & \cdots & \mathbf{q}_{MM}(t,\tau) \end{bmatrix},$$

$$\mathbf{P}(t,\tau) = \begin{bmatrix} \mathbf{p}_{11}(t,\tau) & \cdots & \mathbf{p}_{1N}(t,\tau) \\ \vdots & \ddots & \vdots \\ \mathbf{p}_{N1}(t,\tau) & \cdots & \mathbf{p}_{NN}(t,\tau) \end{bmatrix}. \qquad (3.43)$$

et $\mathbf{g}_{ii}(t,\tau) \in \mathbb{C}^{L\times 1}$ les éléments de $\mathbf{G}(t,\tau)$ dans l'équation 3.4, avec L la taille du canal $\mathbf{G}(t,\tau)$, idem pour $\mathbf{h}_{ii}(t,\tau)$, $\mathbf{p}_{ii}(\tau)$, $\mathbf{q}_{ii}(\tau)$ les éléments des matrices $\mathbf{H}(t,\tau)$, $\mathbf{Q}(\tau)$ et $\mathbf{P}(\tau)$. $\mathbf{T}_{\mathbf{Q}_{ii}}[\tau]$ et $\mathbf{T}_{\mathbf{H}ii}(t,\tau)$ possèdent une structure Toeplitz telle que :

$$\mathbf{T}_{\mathbf{Q}_{ii}}[\tau] = \left.\begin{bmatrix} \mathbf{q}_{ii}(0) & \mathbf{q}_{ii}(-1) & \cdots & \mathbf{q}_{ii}(1-L) \\ \mathbf{q}_{ii}(1) & \mathbf{q}_{ii}(0) & \cdots & \mathbf{q}_{ii}(2-L) \\ \vdots & & \ddots & \vdots \\ \mathbf{q}_{ii}(R-1) & \mathbf{q}_{ii}(R-2) & \cdots & \mathbf{q}_{ii}(R-L) \end{bmatrix}\right\}\begin{array}{c} R \\ Lignes \end{array} \qquad (3.44)$$

$$\underbrace{\qquad\qquad\qquad\qquad\qquad\qquad\qquad\qquad}_{L\ Colonnes}$$

On fera l'hypothèse que les filtres RF ont la même taille Lp, $R = L + Lp - 1$, avec $\mathbf{q}_{ii}(\tau) \in \mathbb{C}^{R+L+1}$ et $\mathbf{q}_{ii}(\tau) = 0$ pour $\tau < 0$. On en déduit finalement les matrices block Toeplitz $\mathbf{B}_{\mathbf{Q}}[\tau]$ suivantes :

$$\mathbf{B}_{\mathbf{Q}}[\tau] = \begin{bmatrix} \mathbf{T}_{\mathbf{Q}_{11}}[\tau] & \cdots & \mathbf{T}_{\mathbf{Q}_{1M}}[\tau] \\ \vdots & \ddots & \vdots \\ \mathbf{T}_{\mathbf{Q}_{M1}}[\tau] & \cdots & \mathbf{T}_{\mathbf{Q}_{MM}}[\tau] \end{bmatrix}, \qquad (3.45)$$

On reformule ensuite l'équation (3.40) telle que :

$$\mathbf{B}_{\mathbf{Q}}[\tau]\mathbf{G}(t,\tau) = \mathbf{B}_{\mathbf{H}}(t,\tau)\mathbf{P}(\tau), \qquad (3.46)$$

où la matrice block $\mathbf{B}_{\mathbf{H}}(t,\tau)$ contient les matrices Toeplitz $\mathbf{T}_{\mathbf{H}ii}$ définies de la même façon que $\mathbf{B}_{\mathbf{Q}}[\tau]$ et $\mathbf{T}_{\mathbf{Q}_{ii}}$. On observe que tout le problème de la calibration se résume désormais à déterminer $\mathbf{B}_{\mathbf{Q}}[\tau]$ et $\mathbf{P}(\tau)$.

Nous proposons de déterminer $\mathbf{B}_{\mathbf{Q}}[\tau]$ et $\mathbf{P}(\tau)$ minimisant la distance suivante :

$$\underset{\{\mathbf{B}_{\mathbf{Q}}[\tau],\mathbf{P}(\tau)\}}{\text{argmin}} \|\mathbf{B}_{\mathbf{Q}}[\tau]\mathbf{G}(t,\tau) - \mathbf{B}_{\mathbf{H}}(t,\tau)\mathbf{P}(\tau)\|_F^2, \qquad (3.47)$$

comme illustré précédemment cette formulation est équivalente à :

$$\underset{\{\mathbf{B}_{\mathbf{Q}}[\tau],\mathbf{P}(\tau)\}}{\text{argmin}} \|vec(\mathbf{B}_{\mathbf{Q}}[\tau]\mathbf{G}(t,\tau)) - vec(\mathbf{B}_{\mathbf{H}}(t,\tau)\mathbf{P}(\tau))\|^2.$$

de même, à partir la relation vectorielle (3.31) on obtient :

$$vec(\mathbf{B}_{\mathbf{Q}}[\tau]\mathbf{G}(t,\tau)) - vec(\mathbf{B}_{\mathbf{H}}(t,\tau)\mathbf{P}(\tau)) =$$
$$(\mathbf{G}^T(t,\tau) \otimes \mathbf{I}_{MM})vec(\mathbf{B}_{\mathbf{Q}}[\tau]) - (\mathbf{I}_N \otimes \mathbf{B}_{\mathbf{H}}(t,\tau))vec(\mathbf{P}(\tau)). \qquad (3.48)$$

Par conséquent, une solution à l'équation (3.47) consiste à trouver $\mathbf{B_Q}[\tau]$ et $\mathbf{P}(\tau)$ dans :

$$\mathbf{Z}_{(RNM) \times (LRM^2 + LpN^2)} \mathbf{C}_{(LRM^2 + LpN^2) \times 1} = \mathbf{0}_{(RNM) \times 1};$$

$$\mathbf{Z} = \left[(\mathbf{G}^T(t, \tau)_{N \times LM} \otimes \mathbf{I}_{RM}) \quad -(\mathbf{I}_N \otimes \mathbf{B_H}(t, \tau)_{RM \times LpN}) \right], \tag{3.49}$$

$$\mathbf{C} = \begin{bmatrix} vec(\mathbf{B_Q}[\tau]) \\ vec(\mathbf{P}(\tau)) \end{bmatrix}.$$

On observe ainsi qu'il est possible de déterminer les paramètres de calibration $\mathbf{C}$, à condition que le nombre de lignes de la matrice $\mathbf{Z}$ soit supérieur à celui de $\mathbf{C}$. Cette condition est satisfaite en utilisant K mesures des canaux UL/DL collectées dans le temps $\mathbf{Z_K} = [\mathbf{Z}^1, ..., \mathbf{Z}^K]^T$. En concaténant ces mesures, on obtient :

$$\mathbf{Z_K}_{(KRNM) \times (LRM^2 + LpN^2)} \mathbf{C}_{(LRM^2 + LpN^2) \times 1} = \mathbf{0}_{(KRNM) \times 1}, \tag{3.50}$$

avec : $KRNM > (LRM^2 + LpN^2) \Leftrightarrow K > (L\frac{M}{N} + Lp\frac{N}{RM})$.

Comme nous l'avons déjà énoncé, les erreurs introduites dans la procédure d'estimation des canaux UL/DL conduisent à mesurer des versions bruitées des canaux MIMO réels. Par conséquent, dans (3.49) on introduit un modèle de perturbation sur $\mathbf{Z}$ conduisant à la formulation Total Least Squares suivante :

$$\underset{\{\mathbf{C}, \mathbf{\Delta Z_K}\}}{\text{argmin}} \, \|\mathbf{\Delta Z_K}\|_F \, \text{s.t} \, (\mathbf{Z_K} + \mathbf{\Delta Z_K})\mathbf{C} = \mathbf{0}_{(KMNM) \times 1}. \tag{3.51}$$

A partir de la décomposition en valeur singulière (SVD) de $\mathbf{Z_K} = \mathbf{UDV}^H$ et en écrivant $\mathbf{V}$ comme une base orthogonale composée des vecteurs singuliers de $\mathbf{Z_K}$, la solution TLS de l'équation (3.51) dans la dernière colonne de $\mathbf{V}$ est donnée par :

$$\hat{\mathbf{C}} = -\mathbf{V}_{(LMM^2 + LpN^2)} \mathbf{V}^{-1}_{\{(LMM^2 + LpN^2), (LMM^2 + LpN^2)\}}, \tag{3.52}$$

où $\mathbf{V}_{(LMM^2 + LpN^2)}$ représente le dernier vecteur colonne de $\mathbf{V}$ tout en supposant $\mathbf{V}_{\{(LMM^2 + LpN^2), (LMM^2 + LpN^2)\}}$ l'élément non singulier dans la matrice $\mathbf{V}$ correspondant à la ligne $(LMM^2 + LpN^2)$ et à la colonne $(LMM^2 + LpN^2)$ comme illustré dans [56].

3.5.2 Résultats des simulations et discussions

Dans le but d'évaluer les performances de l'approche de la calibration dans le domaine temporel, nous comparons les résultats de la reconstruction du canal DL avec ceux obtenues dans la procédure de calibration OFDM dans le domaine fréquentiel. A partir des observations de la section 3.4.4, nous fixerons $K = 15$ le nombre d'estimations des canaux UL/DL nécessaires à la détermination des paramètres de calibration. Nous supposerons un canal MIMO 2×2 ($N = M = 2$) et également les effets de couplage mutuel entre les antennes. Cela se traduit par des matrices de calibration $\mathbf{R}, \mathbf{T}, \mathbf{P}$ non diagonales. Le canal entre antennes est simulé avec une canal sélectif en fréquence contenant $L = 4$ trajets et suivant une distribution de Rayleigh (pas de "line of sight", aucun trajet dominant).

Comme précédemment, les algorithmes seront évalués en utilisant l'erreur quadratique moyenne (mean square error (MSE)) de la reconstruction du canal :

$$\frac{||\mathbf{G} - \hat{\mathbf{G}}||_F^2}{||\mathbf{G}||_F^2}. \tag{3.53}$$

Comme mentionné dans [50], on supposera pour les filtres RF une réponse impulsionnelle courte (étalement des retards plus court que celui du canal de transmission).

La figure 3.15 montre la comparaison des erreurs de reconstruction du canal DL à l'aide du canal UL et des facteurs de calibration déterminés avec la méthode de calibration temporelle.

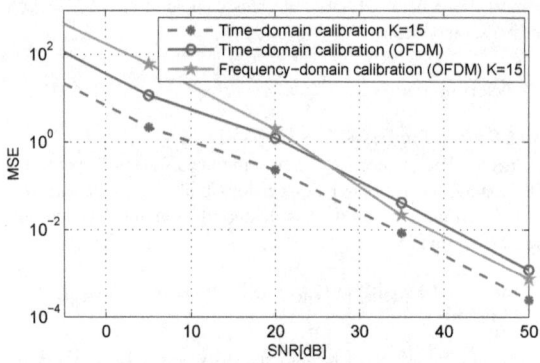

FIGURE 3.15 – *L'erreur quadratique moyenne de la reconstruction du canal DL en fonction du SNR. On observe les performances de l'estimation des paramètres de calibration dans le domaine temporel et fréquentiel.*

La même valeur de $K = 15$ est utilisée pour les algorithmes dans le domaine temporel et fréquentiel. On observe surtout que les performances des deux méthodes sont pratiquement équivalentes.

Dans la figure 3.15 on observe également la comparaison des performances de calibration MIMO-OFDM le long des sous-porteuses et la transformé de Fourier discrète (TFD discrete Fourier transform (DFT)) de la reconstruction en utilisant la nouvelle approche de la calibration dans le domaine temporel. Même si la calibration MIMO-OFDM affiche de bonne performances pour de grands SNR, on observe qu'il est tout a fait possible d'obtenir de bon résultats de calibration en temps dans notre système OFDM-MIMO, sans pour autant effectuer une calibration successive sur chacune des sous-porteuses. Nous verrons l'avantage de cette approche dans la section suivante qui décrit la complexité algorithmique de chaque méthodes.

3.5.3 Complexité algorithmique : comparaison temps / fréquence

L'évaluation de la complexité algorithmique se basera également sur le nombre d'opérations nécessaire pour effectuer la décomposition en valeur singulière d'une matrice définie avec M

lignes et N colonnes [58] :

$$\mathcal{O}(min(NM^2, MN^2)) \text{ FLOPS}$$

Les dimensions de la matrice dans la calibration dans le domaine temporel sont données par $N.2M \times (M.L.2M + 2.Lp.N)$, et dans le domaine fréquentiel pour chaque sous-porteuse on a $N.M \times (M^2 + N^2)$.

On observe que pour un canal composé de L multi-trajets, dans un système $M \times N$ MIMO, la complexité de la calibration dans le domaine fréquentiel aura tendance à croître en fonction du nombre de sous-porteuses OFDM comme décrit dans la figure 3.16.

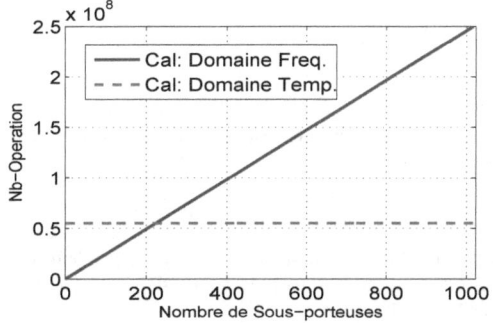

FIGURE 3.16 – *Observation de la complexité algorithmique dans un système* 4×4 *MIMO,* $L = Lp = 4$.

Contrairement à la complexité dans le domaine fréquentiel qui est influencée par le nombre de sous-porteuses, la complexité de la calibration dans le domaine temporel reste constante peu importe la variation du nombre de sous-porteuses. Les simulations ont également montré qu'il était possible de réduire le nombre d'estimations K dans la calibration temporelle, cet avantage peut éventuellement être exploité pour réduire la durée du processus de calibration.

3.6 Calibration et stratégie de transmission MIMO-OFDM-RC

3.6.1 Les procédures de calibration

Dans cette section, nous évaluerons les algorithmes de calibration dans un système pratique. La figure (3.17) résume la procédure de calibration ainsi que la signalisation entre BS et MU. La première étape (1) permet d'initier la procédure de calibration et d'envoyer les séquences d'apprentissage des canaux DL aux MU. Le canal est ensuite estimé et retransmis à la station de base qui estime à son tour le canal DL. Dans cette étape, on considère que les canaux UL/DL ne varient pas durant la mesure et la retransmission. Cette procédure est réitérée jusqu'à collecter les K versions des canaux UL/DL qui serviront à l'application de la calibration (voir étape 5). Les facteurs de calibration ainsi déterminés pourront être exploités afin d'appliquer l'hypothèse de réciprocité entre UL et DL à la station de base et à l'utilisateur.

FIGURE 3.17 – *Procédure de calibration.*

Cette procédure est par la suite évaluée dans un système de transmission pratique comme illustré dans la figure (3.18), où nous réalisons un précodage linéaire (zero-forcing : Tx-ZF) à la station de base suivant la forme :

$$\mathbf{P_{Tx}} = \frac{\hat{\mathbf{G}}^H}{(\hat{\mathbf{G}}^H\hat{\mathbf{G}})^{-1}}. \tag{3.54}$$

$\mathbf{P_{Tx}}$ définie le précodeur et $\hat{\mathbf{G}}$ le canal downlink estimé à la station de base en utilisant la calibration de la réciprocité. Nous supposons une modulation QPSK (quadrature phase shift keying) dans un système OFDM avec 512 sous-porteuses.

On compare ensuite le taux d'erreurs binaires obtenu avec les différents algorithmes de calibration proposés (temporels/fréquentiels).

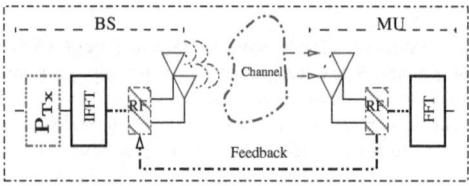

FIGURE 3.18 – *Système de transmission OFDM utilisant utilisant le précodeur et la procédure de calibration.*

Dans la première étape d'initiation de la procédure de calibration et d'estimation du canal, l'utilisateur (MU) estime le canal avec une erreur définie par : $C_e \sim \mathcal{N}(0, \sigma_C^2 \mathbf{I})$.

La figure 3.19 montre les performances (bit error rate : BER) du précodage linéaire dans un système calibré. On observe que dans un canal parfaitement réciproque, l'utilisation de $\mathbf{H}^T$ la transposée du canal UL (''*UL H : Transp*'') pour représenter le canal DL G dans le précodeur donne des résultats similaires au cas où le canal DL **G** est parfaitement retransmis (''*DL G : Parf Feedback*'').

La figure 3.20 illustre quant à elle les résultats avec les perturbations des filtres RF, lorsque le canal n'est pas réciproque pour $\sigma_C^2 = 10^{-3}$ et $\sigma_C^2 = 10^{-1.5}$. Lorsqu'on utilise dans ce cas

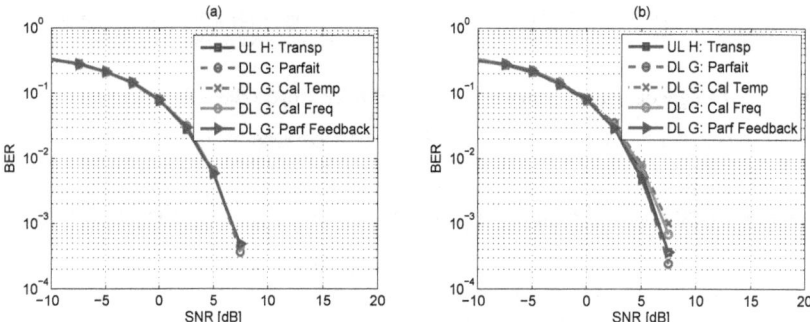

FIGURE 3.19 – *Description du taux d'erreurs binaires dans un canal MIMO parfaitement réciproque avec* $\sigma_C^2 = 10^{-3}$ *la variance de l'erreur d'estimation du canal dans la Fig (a), et* $\sigma_C^2 = 10^{-1.5}$ *dans la Fig (b).*

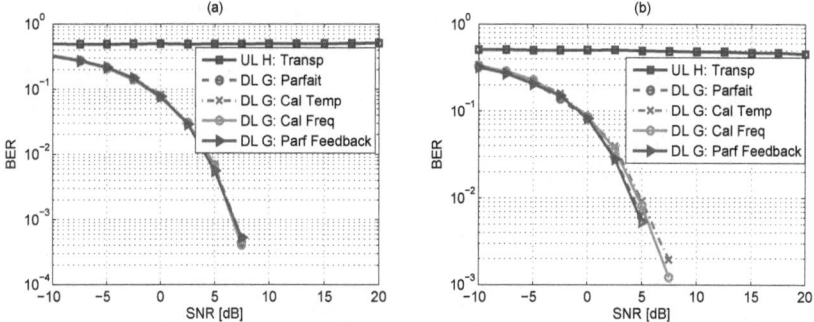

FIGURE 3.20 – *Comparaison du taux d'erreurs binaires dans un canal MIMO non réciproque (perturbations RF) avec* $\sigma_C^2 = 10^{-3}$ *(la Fig (a)) et* $\sigma_C^2 = 10^{-1.5}$ *(la Fig (b)).*

la transposée du canal UL dans le précodeur, on observe que le taux d'erreurs binaires croît littéralement et que les performances s'effondrent (voir *"UL H : Transp"*).

Cette figure révèle une fois de plus la nécessité de la calibration, étant donné que l'utilisation des approches temporelle et fréquentielle donnent de meilleurs BER. Toutefois, les performances du BER de la calibration dans le domaine temporel sont sensiblement inférieures au BER avec un feedback idéal (voir *"DL G : Parf Feedback"*). Ces simulations confirment le fait que calibrer le canal en vue d'un TX-beamforming, peut remplacer efficacement les procédures traditionnelles de feedback dans les systèmes de transmission où le CSIT est requis à l'émetteur. La variation de l'erreur d'estimation de $\sigma_C^2 = 10^{-3}$ à $\sigma_C^2 = 10^{-1.5}$ illustrent également l'impact des erreurs dans la détermination des facteurs de calibration fiables.

Après avoir évalué la procédure de calibration dans un système de transmission conventionnel, nous verrons dans la section suivante comment l'intégrer à notre scénario radio cognitif initial.

3.6.2 Stratégie de transmission MIMO-OFDM-RC : précodage RC

Cette section permettra de décrire l'exploitation de l'hypothèse de réciprocité dans notre scénario radio cognitif incluant les utilisateurs primaires et secondaires.

Nous supposons tout d'abord que le système est parfaitement calibré, ainsi, dans chacun des systèmes, les stations de base connaissent parfaitement les matrices de calibration de chacun de leurs utilisateurs.

Comme observé dans la figure 3.21 l'objectif principal de l'approche radio cognitive est de transmettre au secondaire tout en générant le moins d'interférences possible provenant de la station de base secondaire vers les utilisateurs primaires.

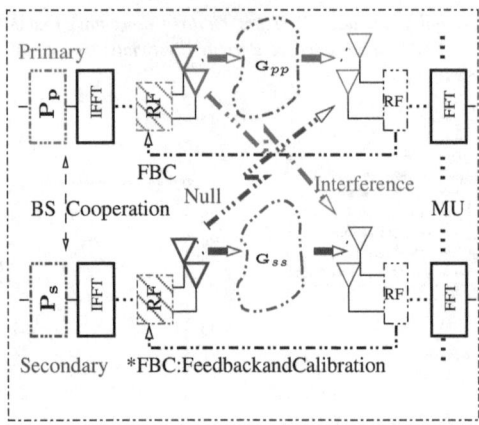

FIGURE 3.21 – *Système de transmission OFDM utilisant les précodeurs* $\mathbf{P}_{p,s}$, *la calibration et la coopération entre les BS.*

La solution décrite dans le Chapitre 2 définit pour chaque sous-porteuse OFDM un précodeur $\mathbf{P}_s$ à l'émetteur secondaire tel que : $\mathbf{P}_s\mathbf{G}_{sp}\mathbf{X}_s = 0$, avec $\mathbf{G}_{sp}\mathbf{X}_s$ la perturbation générée par la station de base secondaire S_{BS} sur le récepteur primaire. La solution proposée dans notre scénario consiste à déterminer la valeur de $\mathbf{P}_s$ à partir des valeurs estimées du canal de transmission downlink $\mathbf{G}_{sp}$ entre l'émetteur secondaire et le récepteur primaire tel que : $\mathbf{P}_s = Ker\{\hat{\mathbf{G}}_{sp}\}$. Toutefois, on remarque que même si le système est parfaitement calibré et toutes les matrices RF déterminées individuellement dans chacun des terminaux, ce canal dit "canal interféré" ne peut être déterminé par la station de base secondaire car :

$$\mathbf{G}_{sp} = \mathbf{Q}_{MUp}\mathbf{H}_{ps}^T\mathbf{Q}_{BSs} \tag{3.55}$$

et seulement la matrice RF $\mathbf{Q}_{BSs}$ est déterminée par S_{BS} dans la calibration du secondaire. S_{BS} ne dispose ainsi d'aucune information sur les matrices RF primaires $\mathbf{Q}_{MUp}$.

Nous faisons l'hypothèse que le système secondaire a une connaissance a priori des différentes spécifications primaires et peut donc écouter les signaux du système primaire. La S_{BS} estime ainsi le canal interférent UL représenté par :

$$\hat{\mathbf{H}}_{ps} = \mathbf{Q}_{BSs}^{-T}\mathbf{G}_{sp}^{T}\mathbf{Q}_{MUp}^{-T} + \mathbf{n}_{ul} \tag{3.56}$$

avec $\mathbf{n}_{ul}$ l'erreur d'estimation de la matrice de canal UL. Nous nous retrouvons donc face à une difficulté de plus qui consiste à déterminer le précodeur en utilisant l'hypothèse de réciprocité, la calibration et les canaux UL estimés par S_{BS}. Dans la section suivante, nous proposons certaines solutions permettant de résoudre ce problème [59].

3.6.3 Canaux interférents et précodage spatial IW :

Approche I : coopération du système primaire

Dans cette première approche, nous supposons que le système primaire est conscient de l'existence d'un système cognitif dans son environnement radio. La solution consiste à définir une signalisation dans la sous-trame UL de la trame TDD de l'utilisateur primaire, ainsi celui ci transmet périodiquement des pilotes spéciaux avec une compensation des RF tel que défini dans la figure 3.22. Ces pilotes spéciaux sont calculés en utilisant :

$$\mathbf{p}_{Sul} = \hat{\mathbf{Q}}_{MUp}^{T}\mathbf{p}_{ul} \tag{3.57}$$

On observe ainsi que la station de base secondaire reçoit les signaux primaires contenant automatiquement une compensation des matrices RF du récepteur primaire.

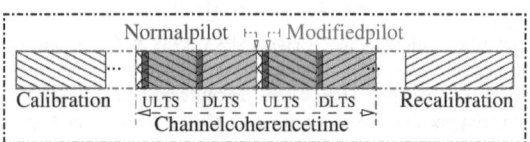

FIGURE 3.22 – *Structure de la trame TDD dans le système primaire avec les emplacements des séquences pilotes modifiées dans le time slot (TS) UL. Ces pilotes modifiés sont diffusés périodiquement afin d'assurer l'estimation des canaux interférents par la station de base S_{BS}.*

Pour déterminer le canal interférent DL $\mathbf{G}_{sp}$ à la station de base secondaire, on appliquera la mise en forme suivante :

$$\begin{aligned}
\mathbf{y}_s &= \mathbf{H}_{ps}\mathbf{p}_{Sul} + \mathbf{n} \\
&= (\mathbf{Q}_{BSs}^{-T}\mathbf{G}_{sp}^{T}\mathbf{Q}_{MUp}^{-T})(\hat{\mathbf{Q}}_{MUp}^{T}\mathbf{p}_{ul}) + \mathbf{n}.
\end{aligned} \tag{3.58}$$

Ce qui nous permet d'obtenir :

$$\begin{aligned}
\hat{\mathbf{G}}_{sp}^{T} &= (\hat{\mathbf{Q}}_{BSs}^{T}\mathbf{Q}_{BSs}^{-T})\mathbf{G}_{sp}^{T}(\mathbf{Q}_{MUp}^{-T}\hat{\mathbf{Q}}_{MUp}^{T})(\mathbf{p}_{ul}\mathbf{p}_{ul}^{\dagger}) + \mathbf{n}_{Qp}, \\
&= (\Delta\mathbf{Q}_{BSs}\mathbf{G}_{sp}^{T}\Delta\mathbf{Q}_{MUp})(\mathbf{p}_{ul}\mathbf{p}_{ul}^{\dagger}) + \mathbf{n}_{Qp}.
\end{aligned} \tag{3.59}$$

L'avantage de cette approche est que le canal DL $\mathbf{G}_{sp}$ est estimé à la station de base secondaire, uniquement avec la matrice RF du secondaire. Néanmoins, l'inconvénient réside dans la présence d'une erreur de calibration issue de la détermination de $\mathbf{Q}_{BSs}$ et $\mathbf{Q}_{MUp}$. En effet, cette erreur affectera la détermination de $\hat{\mathbf{G}}_{sp}$ à la station de base secondaire et détériorera éventuellement les performances du système radio cognitif. De plus cette approche nécessite une intervention de l'utilisateur primaire, ce qui constitue une entorse à notre principe RC de base. Partant de ces observations, une seconde approche a été évaluée. Elle permet de définir un précodeur sans nécessiter une intervention du primaire, cette approche sera exposée dans la section suivante.

Approche II : sans coopération

La seconde approche s'inspire des études précédentes [30, 26]. Elle permet de réaliser le scénario RC en se basant uniquement sur les communications secondaires sans aucune coopération des utilisateurs primaires. A partir de la relation précédente (3.18), on observe que le canal total avec les paramètres RF $\mathbf{G}_{SS}$ dans le lien *secondaire⇔secondaire*, et le canal total dans le lien *secondaire⇔primaire* $\mathbf{G}_{PS}$ sont définis par :

$$
\begin{aligned}
\mathbf{G}_{SS} &= \mathbf{P}_{MS}\mathbf{H}_{SS}^T\mathbf{P}_{BS}, \\
\mathbf{G}_{PS} &= \mathbf{P}_{MP}\mathbf{H}_{PS}^T\mathbf{P}_{BS}
\end{aligned}
\tag{3.60}
$$

Les informations provenant du canal interférent $\mathbf{G}_{PS}$ sont ensuite exploitées en vue de concevoir le précodeur linéaire. Le précodeur SIW $\mathbf{P}_s$ mentionné dans la section 2.3.1 peut ainsi être défini comme suit :

$$
\begin{aligned}
\mathbf{G}_{PS}.\mathbf{P}_s &= (\mathbf{P}_{MP}\mathbf{H}_{PS}^T\mathbf{P}_{BS})\mathbf{P}_s & = 0 \\
&\Leftrightarrow (\mathbf{H}_{PS}^T\mathbf{P}_{B_s})\mathbf{P}_s & = 0 \\
&\Leftrightarrow \mathbf{P}_s = Ker\{(\widehat{\mathbf{H}_{PS}^T\mathbf{P}_{B_s}})\}.
\end{aligned}
\tag{3.61}
$$

On observe que cette solution est indépendante des valeurs de $\mathbf{P}_{MP}$, la matrice RF de calibration à l'utilisateur primaire MU. De plus la matrice de calibration de la station de base primaire $\mathbf{P}_{BS}$ est directement obtenue après le processus de calibration dans le système secondaire. Par conséquent, aucun feed-back et aucune coopération n'est nécessaire de la part du système primaire. On en déduit alors que seule la calibration secondaire est suffisante pour accomplir le SIW beamforming.

Évaluations numériques

Nous proposons dans cette section, d'évaluer les deux méthodes précédentes. Pour ce faire, on considère un système MIMO conventionnel avec 2 antennes à la station de base primaire, 2 antennes pour chacun des utilisateurs et 4 antennes à la station de base secondaire. Les matrices des canaux sont ensuite générées de façon aléatoire suivant une distribution Gaussienne, on suppose également que les paramètres de calibration sont parfaitement déterminés. Les résultats des simulations dans la figure 3.23 montrent tout d'abord les perturbations générées par les transmissions secondaires sur les transmissions primaires sans aucun précodage (i.e., *Cp : Int, Ss-Prec*). Cette figure illustre en outre l'avantage du précodeur secondaire sur les transmissions primaires (i.e., *Cp : Int, Modif-Prec ; Cp : Int, Norm-Prec*). L'utilisation du précodeur au secondaire permet d'annuler les distorsions secondaires et d'atteindre des performances similaire au cas sans interférences. On remarque aussi que les interférences primaires perturbent les transmissions secondaires, car le but principal consiste à annuler les interférences secondaires, et aucune méthode d'annulation des interférences primaires n'est pour l'instant définie

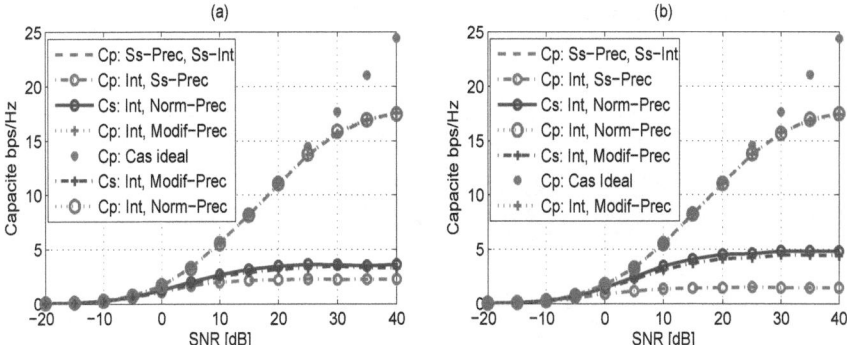

FIGURE 3.23 – *Capacité du canal MIMO primaire et secondaire avec l'erreur d'estimation des canaux $\sigma_c^2 = 10^{-3}$, et une contrainte de puissance PU/SU identique ($\phi = 1$) dans la Fig (a). Dans la Fig (b), la contrainte de puissance du SU $\phi_s = 2$ est supérieure à celle du PU $\phi_p = 1$.*

au récepteur secondaire. Néanmoins, on observe que l'augmentation de la contrainte de puissance du secondaire par rapport au primaire permet d'accroître logiquement les capacités secondaires, mais sans détériorer les performances. Il est donc possible dans la pratique d'augmenter les débits de transmission secondaire, en augmentant les puissances de transmission (dans les limites des amplificateurs), tout en maintenant les avantages du précodage. Partant de ces observations, nous nous focaliserons sur l'optimisation des transmissions secondaires dans les chapitres suivants.

3.7 Conclusions partielles

Les considérations pratiques relatives à l'exploitation de la réciprocité du canal de transmission en TDD que nous avons traitées dans ce chapitre, ont mis en relief les perturbations des circuits RF (Tx / Rx) et de l'effet de couplage entre les antennes. Afin de compenser ces perturbations, nous avons proposé des méthodes de calibration relative MIMO dans le domaine temporel et fréquentiel.

On remarque à travers les résultats numériques qu'un nombre réduit d'estimations des canaux UL / DL est nécessaire $K \in [10\ 15]$ pour déterminer les paramètres de calibration. On constate en outre que la méthode de calibration $M \times N$-SISO nécessite une plus faible complexité algorithmique et offre de meilleures performances de reconstruction sans effets de couplage. Par contre, en présence des effets de couplage, ses performances s'effondrent et le meilleur compromis est l'algorithme TLS-MIMO.

La calibration dans le domaine temporel détermine également les facteurs de calibration en présence des effets de couplage, elle permet une réduction du coût du feedback et ne dépend que des multi-trajets qui sont en pratique largement inférieurs au nombre de sous-porteuses. Dans le prochain chapitre, nous aborderons la réalisation pratique de nos solutions radio cognitives sur une plateforme expérimentale.

Chapitre 4

Radio Cognitive Spatial Interweave : Implémentation sur une Plateforme LTE

Sommaire

4.1 Introduction

Dans la recherche radio cognitive, de nombreuses approches abordent uniquement l'aspect théorique, sans illustrer les performances et les contraintes liées à l'implémentation dans un système pratique en temps-réel. Afin de remédier à cet inconvénient dans notre étude, nous décrirons dans ce chapitre l'implémentation pratique de notre scénario RC.

Par ailleurs, l'intérêt croissant pour les techniques radio cognitives a conduit à une multiplication des projets de recherche et des plateformes expérimentales. On observe dans la littérature que la plupart de ces plateformes possèdent leur propre architecture matérielle ou fonctionnent dans les bandes libres ISM (industriel, scientifique et médical) avec des technologies telles que le WIFI [23, 22]. L'implémentation RC / TDD que nous proposons dans ce chapitre est essentiellement basée sur les spécifications du standard LTE (Long Term Evolution) qui constitue l'évolution la plus récente (i.e., la 4eme génération) des technologies de la téléphonie mobile. La LTE est largement adoptée par la plupart des opérateurs dans le monde [9]. En outre, comme la RC, la LTE permet d'optimiser l'efficacité spectrale dans les réseaux cellulaires. Il sera ainsi possible de déployer notre scénario dans des bandes autorisées par les organes de réglementation, avec quelques modifications dans la partie logicielle et dans les trames du système secondaire, sans toutefois changer l'architecture matérielle des terminaux.

In fine, dans ce chapitre, nous discuterons les aspects d'une réalisation pratique du scénario de transmission RC sur la plateforme expérimentale OpenAirInterface qui intègre les spécifications LTE-TDD. Nous validerons ensuite les procédures de calibration illustrées précédemment et nous exploiterons finalement la réciprocité du canal dans le précodage linéaire (null-beamforming) pour annuler les interférences générées par le système secondaire.

La section suivante donnera un aperçu de l'état de l'art des implémentations radio cognitives.

4.1.1 Implémentation et standardisation de la radio cognitive : état de l'art

On assiste de nos jours à une diversification des projets de recherche sur les possibilités d'implémentation et de standardisation de la radio cognitive. Cet intérêt grandissant se traduit par la création de plusieurs groupes de travail sur les méthodes RC [22]. On notera à titre d'exemple la norme IEEE-802.22 pour la standardisation des réseaux sans fil régionaux (wireless regional area network WRAN). Ce standard vise à étudier les possibilités d'émission des signaux radio cognitifs dans les espaces libres du spectre précédemment alloué aux signaux de la télévision. D'autres standards sont en cours de développement, tels que le IEEE-SCC41 (Standards Coordinating Committee 41, maintenant dénommé IEEE DYSPAN-SC) pour l'analyse des méthodes d'accès dynamique au spectre radio.

En outre, l'intérêt pour les technologies RC a également conduit de nombreuses compagnies de télécommunication à orienter leurs efforts de recherche et de développement sur les innovations de la radio cognitive. On observe ainsi l'émergence de plusieurs plateformes expérimentales et des projets d'implémentation tels que : le projet Canadien CORAL (CR learning platform) basé sur le WIFI (IEEE-802.11g/a), la plateforme matérielle USRP (universal software radio peripheral), et les plateformes matérielles / logicielles T-Flex et WARP (wireless open-access research, un système RC conçu par l'université de Rice : "the Rice University") [23, 60]. Malgré la multiplication des projets expérimentaux, la plupart des plateformes développées sont basées soit sur des structures (couches PHY / MAC) non conventionnelles (non standardisées) ou sur les bandes ISM. En d'autres termes, elles impliquent une utilisation de la RC dans des bandes libres et non licenciées. À la différence de ces implémentations, notre approche RC repose sur une couche physique intégrant les spécifications LTE-TDD [9], dans le but de favoriser un déploiement de la RC dans les bandes déjà licenciées tout en gardant la structure matérielle des terminaux.

Nous illustrerons dans les sections suivantes les différentes procédures qui ont permis la réalisation pratique du scénario RC.

4.2   Le scénario radio cognitif : contexte de l'implémentation

4.2.1   Le projet Européen FP7-CROWN

Il est essentiel avant de poursuivre de mentionner le rôle joué par notre projet de recherche dans la réalisation du projet Européen CROWN (Cognitive Radio Oriented Wireless Networks : http ://www.fp7-crown.eu/). Le projet CROWN résulte de l'initiative Européenne FET-Open (FET : Future Enabling Technologies) du programme FP7 (Framework Program 7). D'une durée de 3 ans (de Mai 2009 à Avril 2012), il se proposait plus généralement d'explorer les technologies radio cognitives pour les communications mobiles et d'étudier les problèmes techniques liés à une implémentation de la radio cognitive à travers la conception d'un démonstrateur. L'ensemble des partenaires ayant contribué au projet sont énumérés comme suit :

– *Queens University Belfast (QUB)*
– *Athens Information Technology (AIT)*
– *EURECOM (EUR), Graduate University (France)*
– *Darmstadt University of Technology (TUD)*
– *Intel Mobile Communications (France), précédemment Infineon (IFX)*
– *QinetiQ (QQ)*
– *Office of Communications (Ofcom)*
– *Institute for Inforcomm Research (I2R)*

Plusieurs scénarios furent initialement définis pour la réalisation pratique du démonstrateur du projet [7], notamment un scénario de transmission haut débit basé sur le standard IEEE-802.22, de même que plusieurs approches mono et multi-utilisateurs dans les bandes TV et des scénarios femtocells exploitant les bandes UHF. Cependant, le scénario retenu pour le démonstrateur final du projet est illustré sur la figure 4.1.

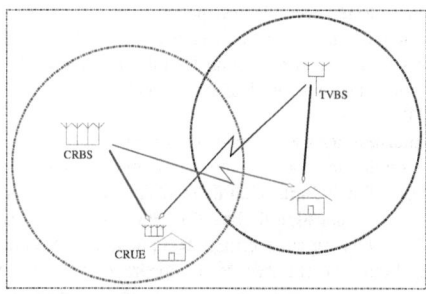

FIGURE 4.1 – *Scénario du démonstrateur du projet CROWN [7].*

Il est composé de 2 cellules de 2 utilisateurs chacune. Même si, contrairement à notre implémentation TDD-LTE, le scénario de la figure 4.1 fait intervenir une station d'émission TV, on observe qu'il possède la même structure que notre modèle de transmission (illustré dans le

Chapitre 2). Partant de là, nous expliciterons plusieurs éléments de notre projet de recherche qui ont également contribué à la conception pratique du démonstrateur du projet CROWN.

4.2.2 Spatial interweave et RC-LTE : généralités

Le standard LTE (Long Term Evolution) constitue la dernière génération des technologies cellulaires. Il est développé sous la supervision du consortium 3GPP (3rd Generation Partnership Project) en charge des spécifications des technologies mobiles de 3eme et de 4eme génération (3G, 4G). La LTE est en cours de déploiement en Europe, mais elle est largement déployée depuis 2009 au Japon et 2010 aux États-Unis avec plusieurs dizaines de million d'utilisateurs [26]. Notons tout de même que la LTE dans sa version actuelle est qualifiée de standard 3.9G et constitue de fait une transition vers les spécifications de la 4G. La 4G nécessite des débits de transmission de 1 Gbit/s en downlink (DL canal descendant) en exploitant une bande passante de l'ordre de 100 MHz et des systèmes 8×8-MIMO [9]. Toutefois, une variante de la LTE dénommée LTE-Advanced permet d'atteindre ces performances et représente le candidat de référence généralement adopté pour la 4G [9].

Par ailleurs, le standard LTE permet d'atteindre des débits de 300 Mbit/s en downlink et de 75 Mbit/s en uplink (UL canal montant) avec une bande passante de 20 MHz dans un système 4×4-MIMO [9, 25]. La modulation adoptée en DL est le OFDMA et le SC (Single Carrier)-FDMA en UL avec 2 modes de duplexage, i.e., le duplex temporel (LTE-TDD) et fréquentiel (LTE-FDD) [25].

Comme la radio cognitive, l'intérêt pour la LTE s'explique par ses performances en terme de débit de transmission, de temps de latence et d'efficacité spectrale. Ces caractéristiques font de la LTE (les couches LTE PHY / MAC) un candidat idéal pour les couches PHY et MAC de notre scénario radio cognitif spatial interweave (RC-SIW).

Cependant, l'un des problèmes récurrents dans les transmissions cognitives SIW réside dans la difficulté d'identifier les espaces libres du système primaire et de transmettre les signaux secondaires tout en réduisant les interférences générées par ce dernier. L'implémentation de la RC-SIW dans notre étude consistera à définir une méthode de beamforming (précodage linéaire) au niveau de l'émetteur secondaire. Cette solution exploite les informations sur le canal de transmission MIMO dans le but de compenser les interférences générées par le système secondaire vers le système primaire [20, 33].

La matrice du canal de transmission est généralement obtenue à l'émetteur grâce à des méthodes de feedback (retransmission du canal estimé). Toutefois dans cette étude, l'absence de coopération entre primaire et secondaire limite l'utilisation du feedback entre le Rx primaire et le Tx secondaire, pourtant nécessaire à l'application du beamforming. Mais l'exploitation de la réciprocité du canal permettra de surmonter certaines contraintes, notamment le coût du feedback, la difficulté d'estimer le canal à l'émetteur et l'absence de coopération entre primaire et secondaire, qui représente un des principes fondamentaux dans la plupart des systèmes RC. Dans le but d'utiliser la réciprocité du canal de transmission, l'implémentation est basée sur le mode LTE-TDD dans (fréquences de transmissions identiques en UL et en DL).

Cependant comme nous l'avions précédemment illustré, les circuits RF détruisent la réciprocité du canal de transmission [61, 50]. L'implémentation des procédures de calibration et du beamforming sera discutée dans les sections suivantes.

4.2.3 La plateforme OpenAirInterface (OAI)

La conception pratique de notre système radio cognitif avec les algorithmes de calibration et le précodage spatial interweave a été réalisée sur la plateforme expérimentale OpenAirInterface (OAI *http ://www.openairinterface.org/*). Cette plateforme d'expérimentation logicielle et matérielle est développée par le département communication mobile de Eurecom. Elle se base sur des logicielles libres (open-source) et permet la validation d'une diversité d'algorithmes et des concepts expérimentaux. La plateforme OAI intègre également les technologies de transmission LTE et LTE-Advanced.

La version actuelle du modem de la plateforme OAI est principalement basée sur le langage de programmation C et implémente la plupart des éléments des couches protocolaires intégrés à la norme 3GPP LTE Rel 8.6 (PHY, MAC, RLC, RRC, PDCP) pour les utilisateurs (UE) ainsi que les stations de base (eNode B : eNB). On notera entre autres la possibilité d'utiliser les modes de transmission 1 (SISO), 2 (Alamouti), 5 (MU-MIMO) et 6 (beamforming).

La figure. 4.2 décrit la couche protocolaire de la plateforme conforme à la norme LTE. Les couches PHY (L1) et MAC (L2) feront l'objet de modifications pour répondre aux exigences de notre implémentation.

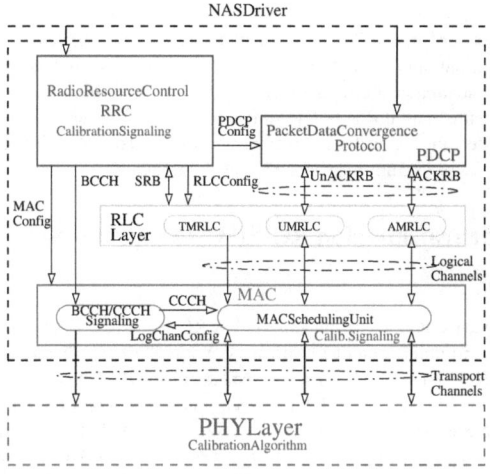

FIGURE 4.2 – *Description des couches protocolaires de la plateforme conformément aux spécifications UMTS-LTE.*

On remarque aussi les interactions entre les couches à travers les canaux LTE (logique, transport, physique). Toutes les spécifications et les interactions seront explicitées dans les sections suivantes.

La structure de la plateforme OAI est illustrée dans la figure 4.3, elle se compose de trois parties qui partagent la même architecture logicielle (le simulateur, l'émulateur et les expérimentations temps-réel). OpenAirInterface se base dans sa version actuelle sur des cartes

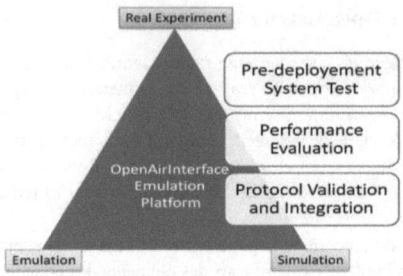

FIGURE 4.3 – *Architecture de la plateforme OAI [8].*

de transmission ExpressMIMO. Ces cartes permettent des expérimentations sur des systèmes de 2 antennes, une bande passante de 5 MHz, avec des fréquences porteuses variant de 300 MHz à 3.8 GHz pour des puissances de transmission pouvant atteindre 30 dBm.

Nous procéderons à l'implémentation du scénario radio cognitif en réalisant dans un premier temps un simulateur de transmission temps-réel RC-LTE. Ce simulateur nous permettra de valider les algorithmes et d'étudier leurs performances avant d'envisager une implémentation matérielle. Mais nous étudierons avant tout, les performances des algorithmes de calibration sur des canaux réels déterminés grâce au module d'estimation des canaux MIMO EMOS (Eurecom MIMO Openair Sounder) [62]. Enfin, étant donné que le simulateur et la partie matérielle possèdent exactement la même architecture logicielle, l'implémentation finale consistera à télécharger dans la plateforme matérielle les programmes développés dans le simulateur.

4.3 Scénario de transmission RC-SIW sur OpenAirInterface

4.3.1 Illustration

Les travaux précédents, abordant l'implémentation RC sur la plateforme OAI nous ont permis de définir le scénario radio cognitif illustré sur la figure 4.4 [63]. Ce scénario est constitué d'un nœud primaire (eNB1-UE1) et d'un nœud secondaire (eNB2-UE2). On remarquera aussi que les dénominations eNB (eNodeB) et UE (user equipment) sont conformes aux spécifications LTE qui décrivent des communications faisant intervenir un nœud et un ou plusieurs utilisateurs connectés [25]. Le nœud primaire est un lien LTE transmettant en SISO (transmission mode 1) et le secondaire fonctionne en MISO avec 2 antennes à la station de base (eNB2) et une antenne au niveau de l'utilisateur (UE2). La figure 4.4 illustre également les canaux de transmission uplink et downlink prenant en compte les circuits RF Tx/Rx de chaque utilisateur.

On considère des canaux multi-trajets et sélectifs en fréquence. En outre, la configuration OFDM définie par la spécification LTE permet de décomposer le canal sélectif en fréquence en plusieurs sous canaux parallèles non-sélectif uniquement affectés par des coefficients d'atténuation sur chacune des sous-porteuses dans le domaine fréquentiel.

À partir de la modulation OFDM, nous supposerons les notations dans le domaine fréquentiel pour la plupart des liens tels que :

– $\mathbf{G}_{PP}$ est le canal DL primaire entre UE1 et eNB1 et $\mathbf{H}_{PP}$ le canal UL primaire.

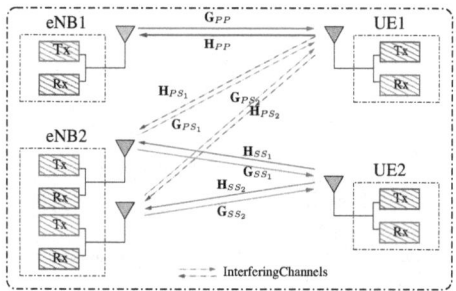

FIGURE 4.4 – *Description des systèmes primaires (eNB1 / UE1) et secondaires (eNB2 / UE2)
avec les canaux interférents entre systèmes.*

- $\mathbf{G}_{SS_i}$ est le canal DL secondaire entre la i^{eme} antenne de transmission (Tx) à l'eNB2 et
  l'antenne de réception (Rx) de UE2, idem pour $\mathbf{H}_{SS_i}$ le canal UL secondaire.
- $\mathbf{G}_{PS_i}$ est le canal interférent entre la i^{eme} antenne Tx à eNB2 et l'antenne Rx de UE1 et
  $\mathbf{H}_{PS_i}$ le canal interférent UL.

Dans un souci de simplification de l'implémentation pratique, nous nous focaliserons sur les
communications downlink. Ainsi, le scénario SIW-RC consistera essentiellement à annuler dans
les communications downlink primaires eNB1⇒UE1, les interférences générées par la station de
base secondaire (eNB2) vers l'utilisateur primaire (UE1) eNB2⇒UE1.

La technique de compensation des interférences adoptée pour la réalisation pratique de ce
scénario RC-SIW est un précodage linéaire zero forcing beamforming (ZFB) implémenté dans la
station de base secondaire eNB2. Cette approche ZFB sera illustrée dans la section suivante.

4.3.2 Approche du précodage linéaire : beamforming

Nous avons introduit dans le Chapitre 2 le modèle théorique de notre scénario RC. Dans le
but de simplifier l'implémentation pratique du précodage défini précédemment, nous avons adopté
une solution Zero Forcing Beamforming (ZFB) dans la réalisation du scénario sur OAI.

La figure 4.4 nous permet d'écrire le signal reçu $\mathbf{y}_p$ sur chacune des sous-porteuses à l'utilisateur primaire UE1 tel que :

$$\mathbf{y}_p = \mathbf{G}_{pp}\mathbf{x}_p + \mathbf{G}_{ps}\mathbf{x}_s + \mathbf{n}, \tag{4.1}$$

avec $\mathbf{n}$ le BBAG dans le domaine fréquentiel introduit par le récepteur primaire UE1 et $\mathbf{G}_{ps}\mathbf{x}_s$ le
signal interférent généré par l'émetteur secondaire eNB2. L'objectif est d'annuler les interférences
provenant de eNB2 vers l'utilisateur primaire UE1.

Cela implique d'annuler le terme $\mathbf{G}_{ps}\mathbf{x}_s$. La solution ZFB consiste à définir un vecteur de
précodage $\mathbf{p}$ dans $\mathbf{x}_s$ le signal transmission eNB2 tel que $\mathbf{x}_s = \mathbf{p}\mathbf{s}_x$, avec $\mathbf{s}_x$ le vecteur contenant les symboles transmis par les 2 antennes de la station de base secondaire. On obtient ainsi la

relation suivante :

$$\mathbf{G}_{ps}\mathbf{x}_s = \begin{bmatrix} g_{ps1} & g_{ps2} \end{bmatrix} \begin{bmatrix} x_{s1} \\ x_{s2} \end{bmatrix} = 0,$$

$$\mathbf{G}_{ps}\mathbf{p}\mathbf{s}_x = \begin{bmatrix} g_{ps1} & g_{ps2} \end{bmatrix} \begin{bmatrix} p_1 & 0 \\ 0 & p_2 \end{bmatrix} \begin{bmatrix} s_{x1} \\ s_{x2} \end{bmatrix} = 0 \qquad (4.2)$$

$$= \begin{bmatrix} g_{ps1} & g_{ps2} \end{bmatrix} \begin{bmatrix} p_1 . s_{x1} \\ p_2 . s_{x2} \end{bmatrix} = 0,$$

Afin de remplir la condition $\mathbf{G}_{ps}\mathbf{x}_s = 0$, la solution utilisée dans notre étude consiste à définir $s_{x1} = s_{x2}$ et à déterminer $\mathbf{p}$ suivant la forme :

$$g_{ps1}p_1 + g_{ps2}p_2 = 0; \quad p_1 = g_{ps2}, p_2 = -g_{ps1}. \qquad (4.3)$$

On remarque essentiellement les points suivants :
 – L'efficacité du précodage est liée à la qualité de l'estimation du canal interférent downlink ($\hat{\mathbf{G}}_{ps} = [\hat{g}_{ps1} \ \hat{g}_{ps2}]$) à l'eNB2.
 – L'absence de coopération entre les systèmes primaires et secondaires empêche la réalisation d'une procédure de feed-back entre l'utilisateur primaire UE1 et la station de base secondaire eNB2 (UE1→eNB2) pour l'acquisition du canal interférent downlink $\hat{\mathbf{G}}_{ps}$.
Cependant, comme mentionné auparavant, on obtiendra automatiquement le canal DL en utilisant la calibration et la réciprocité du canal dans en TDD. Toutefois, dans le but de faciliter la détermination du canal interférent DL dans l'implémentation, nous supposerons que le circuit RF de l'utilisateur primaire introduit des perturbations similaires au circuit RF de l'utilisateur secondaire.

In fine, en utilisant la valeur complexe du canal interférent estimé grâce à la calibration de la réciprocité et en considérant la contrainte de puissance à l'eNB2, le précodeur normalisé devient :

$$\mathbf{p} = \begin{bmatrix} \frac{\hat{g}_{ps2}}{\beta} \\ \frac{-\hat{g}_{ps1}}{\beta} \end{bmatrix}, \beta = \sqrt{||\hat{g}_{ps1}||_2 + ||\hat{g}_{ps2}||_2}. \qquad (4.4)$$

Dans l'étape suivante, nous aborderons les bases de la norme TDD-LTE grâce auxquelles le scénario sera réalisé.

4.3.3 Spécifications LTE-TDD

La figure 4.5 décrit la trame LTE-TDD périodique de 10 ms de type 2 avec la configuration 3 employée dans notre étude [25, 9]. Cette trame se compose de 10 sous-trames avec une modulation OFDM en UL et en DL. Chacune de ces sous-trames se décompose en 2 time-slots (TS) de 0.5 ms. On remarque aussi sur la figure 4.5 que chaque TS est constitué de 7 symboles OFDM et d'un préfixe cyclique permettant de réduire les interférences entre symboles (ISI) [25].

La décomposition de la trame LTE-TDD sur la figure 4.6 nous montre que chaque sous-trame se compose également de plusieurs regroupements de 12 sous-porteuses dénommés "resource blocs" (RBs) avec des configurations différentes en uplink et en downlink [25].

Dans notre étude, nous considérons une bande passante de 5 MHz composée de 512 sous-porteuses dont 300 sont réellement utilisées et les autres sont des sous-porteuses nulles. Toutefois,

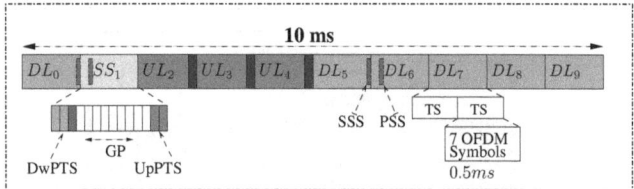

FIGURE 4.5 – *Spécifications de la trame TDD sur OAI. Elle montre les signaux de synchronisation primaires / secondaires (PSS/SSS), l'intervalle de garde (GP) et les DL/UL "pilot time slot Dw/UpPTS".*

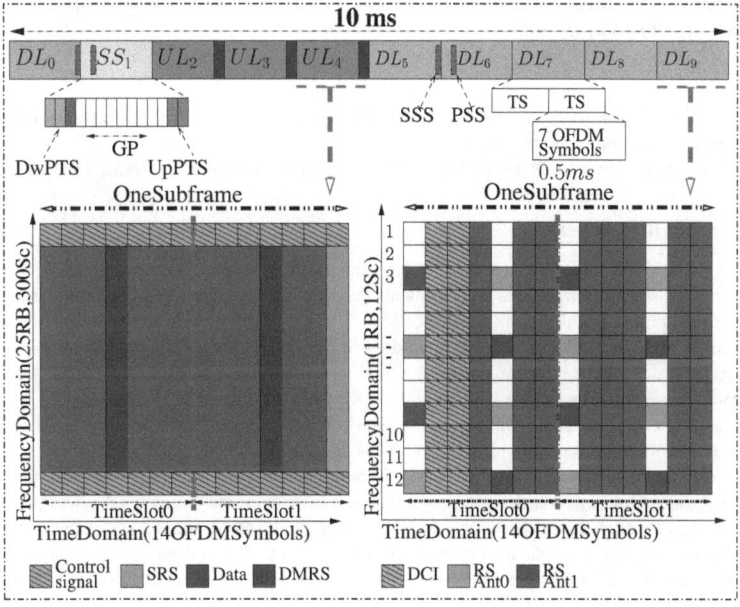

FIGURE 4.6 – *Spécification des trames TDD avec les signaux de synchronisation (PSS/SSS), l'intervalle de garde (GP) et les DL/UL "pilot time slot" Dw/Up-PTS. L'extension de la sous-trame DL montre la "resource block" DL (12 sous-porteuses (Sc) et 2 TS) avec un préfixe cyclique normal, ainsi que l'emplacement des pilotes, des signaux de contrôle et des données. On observe aussi la structure de la sous-trame UL pour 300 sous-porteuses.*

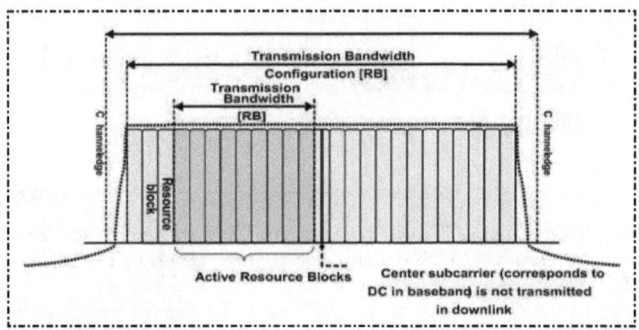

FIGURE 4.7 – *Illustration de la bande fréquentielle LTE avec le répartition des "resource blocks" (image 3GPP TS 36.101, [9]).*

comme illustré dans la figure 4.7, toutes les 300 sous-porteuses ne sont pas utilisées pour la transmission des informations utiles.

Les sections suivantes illustreront les types de sous-trame constituant la trame TDD-LTE.

Sous-trame downlink (DL)

À partir de la figure 4.6, on observe les caractéristiques de la sous-trame TDD destinée aux transmissions downlink, les emplacements des signaux de références RS (pilotes) destinés à l'estimation du canal downlink par l'utilisateur (UE1) et les signaux de signalisation DCI (DL control information). Chaque emplacement dans la RB est dénommé "resource element" (RE). Le contenu des REs révèle l'organisation des pilotes dans le cas particulier de 2 antennes de transmission à la station de base eNB2.

Les séquences pilotes des différentes antennes sont localisées dans des REs spécifiques pour assurer une orthogonalité entre pilotes et une séparation de la procédure d'estimation du canal et de la démodulation des signaux. En d'autres termes, les REs contenant les pilotes ne seront pas utilisés pour la transmission des données et vice versa. La taille maximale des données pouvant être transmises dépend ainsi du nombre total d'antennes et des RE destinés à la signalisation.

On observe par exemple sur la figure 4.6 que les 1er et 3eme pilotes sont utilisés pour la première antenne désignée par l'indice 0 et les 2eme et 4eme pilotes pour la seconde antenne désignée par l'indice 1.

En outre, en DL les signaux sont modulés en OFDMA et les informations de contrôle DCI se situent dans les 1ere TS de chaque sous-trame DL. Elles sont utilisées pour la signalisation, l'établissement de connexion dans la cellule, la synchronisation, le type de la modulation, le codage, l'attribution des RBs, etc.

Sous-trame uplink (UL)

La figure 4.6 illustre également la structure de la sous-trame réservée aux transmissions UL. Contrairement au DL, les signaux UL sont multiplexés en SC-FDMA (voir figure 4.8) afin de réduire les perturbations générées par le facteur de crête PAPR (Peak-to-Average Power Ratio) dans l'OFDM (*voir annexe*).

En UL, les signaux de contrôle et de signalisation CS ("control signal") occupent les bordures des "resources blocks" (RBs). On remarque différents types de pilotes en UL, le DM-RS (demodulation-RS) est utilisé pour la démodulation cohérente du signal UL et le SRS (sounding-RS : SRS) pour l'estimation de la qualité du signal.

Les SRSs sont localisés dans des symboles spécifiques entre les signaux de contrôle (CSs) comme illustré sur la figure 4.6. Les signaux de données utiles remplissent donc la totalité des REs restants. Ces signaux sont démodulés en utilisant les DM-RSs dans les physical uplink shared channel (PUSCH).

Notons que du fait des ressources limitées en UL, la signalisation est différente du cas DL. En effet, la plupart des procédures de signalisation UL sont gérées par le eNB qui définit les caractéristiques des transmissions en UL (e.g., la modulation, les signaux de contrôle) en s'appuyant sur certaines informations transmises par le UE.

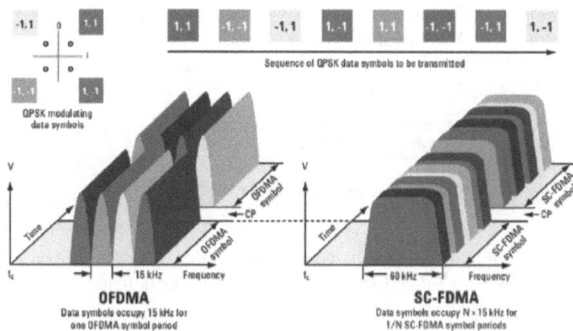

FIGURE 4.8 – *Comparaison des méthodes OFDMA et SC-FDMA [10].*

Sous-trame spéciale (SS)

La sous-trame spéciale (SS) décrite dans la figure 4.6 caractérise le point de basculement entre les sous-trames UL et DL. Elle possède une structure différente des deux précédentes et contient des symboles OFDM destinés simultanément aux transmissions UL et DL. Le point de basculement est matérialisé par l'intervalle de garde (guard period : GP), la durée d'une transmission UL/DL (ping-pong) ne doit pas excéder la durée de cet intervalle.

Le DwPTS (Downlink pilot time slot) est composé de symboles DL et contient des RS ainsi que des informations de contrôle et peut véhiculer des données utiles. Dans le cas spécifique d'une trame TDD-LTE, le DwPTS contient les signaux de synchronisation primaire (PSS : primary synchronization signal) utilisés pour la synchronisation entre eNB et UE. Le UpPTS (Uplink pilot time slot) décrit les symboles OFDM UL, son utilisation est quelque peu limitée dans la sous-trame SS, car il ne peut contenir qu'un symbole OFDM s'il est alloué à des SRSs, ou 2 symboles OFDM s'il est utilisé comme un canal RACH (random access channel) [9, 25].

4.4 Conception et implémentation des algorithmes RC LTE

4.4.1 Évaluation des algorithmes de calibration sur des canaux réels

Procédures d'acquisition : EMOS

Dans le but de réaliser la calibration dans l'implémentation temps-réel, nous proposons d'évaluer dans une situation pratique, la performance des algorithmes de calibration relative définis dans le Chapitre 3. Un algorithme de calibration adapté à notre implémentation sera ainsi sélectionné grâce à des tests sur des canaux réels. Pour ce faire, nous utiliserons un module intégré à la plateforme OAI. Ce module dénommé EMOS (Eurecom MIMO Openair Sounder) permet l'acquisition des canaux de transmission MIMO réels dans des systèmes de type UMTS-TDD [62]. Les paramètres de transmission de l'estimateur MIMO EMOS sont décrits dans le tableau 4.1 :

Paramètres	Valeurs
Fréquence centrale	1917.6 MHz
Bande passante	4.8 MHz
Puissance de Tx des BS	30 dBm
Nombre d'antennes Tx	4
Nombre d'antennes Rx	2
Nombre de sous-porteuses	160

TABLE 4.1 – Paramètres de transmission EMOS

La procédure d'estimation des canaux réels se base sur une trame spéciale de $2.5\ ms$, conçue pour l'estimation des canaux OFDM-MIMO comme illustré sur la figure 4.9. Cette trame parti-

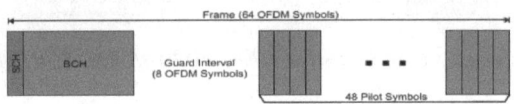

FIGURE 4.9 – *Structure de la trame OAI-EMOS (BCH : 7 symboles OFDM) pour l'acquisition des canaux MIMO réels [8].*

culière de 64 symboles OFDM se compose des signaux de synchronisation SCH (SynCHroniza-tion symbol) sur un symbole OFDM, suivis de 7 symboles OFDM encapsulés dans un canal de transport BCH (Broadcast CHannel) et pouvant éventuellement servir à véhiculer des données de transmission. Cette trame se termine ensuite par 48 signaux orthogonaux pseudo aléatoires mo-dulés en QPSK. Ces signaux sont utilisés le cas échéant comme des séquences d'apprentissage (pilotes) dans le but d'estimer le canal de transmission MIMO. Comme nous l'observerons par la suite, l'usage de ces 48 pilotes (sur 48 symboles OFDM) a pour objectif d'augmenter la fiabilité (le RSB) des estimations.

Le canal $\mathbf{H}_f^k$ étant considéré invariable pendant la durée d'une trame k ($2.5\ ms$), le EMOS utilise des séquences pilotes $\mathbf{s}_f^k$ connues à l'émetteur et au récepteur pour estimer le canal entre

74

chaque chaîne Tx/Rx et sur chaque sous-porteuse OFDM (f). On obtiendra ainsi le signal reçu $\mathbf{y}_f^k$:

$$\mathbf{y}_f^k = \mathbf{H}_f^k \mathbf{s}_f^k + \mathbf{n}_f^k \tag{4.5}$$

Le canal de transmission est ensuite estimé individuellement pour chaque lien Tx→Rx suivant la relation :

$$\hat{\mathbf{H}}_f^k = \frac{\mathbf{y}_f^k}{\mathbf{s}_f^k} \Leftrightarrow$$
$$\hat{\mathbf{H}}_f^k = \mathbf{H}_f^k + \frac{\mathbf{n}_f^k}{\mathbf{s}_f^k} \tag{4.6}$$

Le canal $\mathbf{H}_f^k$ étant considéré statique pendant la durée d'une trame k, l'estimation pour chaque trame est obtenue grâce à l'espérance mathématique ($\mathbb{E}[\bullet]$) de l'ensemble des 48 estimations :

$$\mathbb{E}[\hat{\mathbf{H}}_{f_i}^k] = \mathbf{H}_f^k + \frac{1}{48} \sum_{i=1}^{48} \frac{\mathbf{n}_{f_i}^k}{\mathbf{s}_{f_i}^k} \tag{4.7}$$

On observe ainsi que pour une erreur d'estimation suivant une distribution gaussienne, cette procédure permettra de réduire l'erreur d'estimation du canal.

L'utilisation de l'EMOS permet d'obtenir K_{max} canaux réels 2×2-MIMO et les figures 4.10 et 4.11 illustrent des exemples des réponses impulsionnelles ainsi que les modules des TFD de 15 canaux UL/DL estimés de façon consécutive dans le temps.

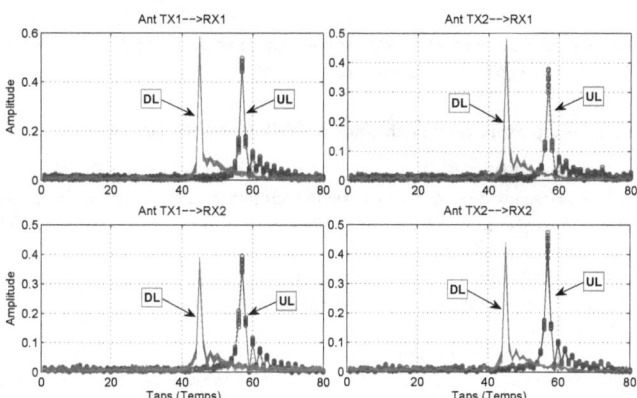

FIGURE 4.10 – *Acquisition de canaux réels (EMOS), on observe le module de la réponse impulsionnelle de 15 canaux MIMO consécutifs.*

Pour chacun des liens MIMO i, j, on observe bien les différences entre les canaux estimés DL et leurs correspondants UL. Le but de la calibration sur la plateforme OAI consistera donc à restaurer l'égalité des canaux UL et DL pour chaque lien MIMO, afin d'appliquer notre scénario

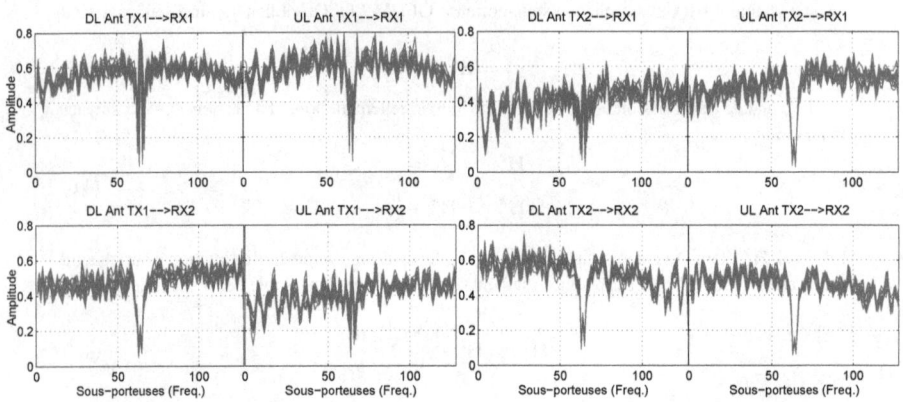

FIGURE 4.11 – *Résultats de l'acquisition de canaux réels, on observe la transformé de Fourier discrète du module de 15 canaux MIMO consécutifs.*

RC-IW.

Dans la section suivante, nous étudierons le comportement des algorithmes de calibration définis dans le Chapitre 3 en présence de canaux réels .

Évaluation des algorithmes de calibration : résultats et observations

La modulation OFDM utilisée sur la plateforme OAI et les estimations du canal dans le domaine fréquentiel nous orientent dans un premier temps vers une évaluation des trois algorithmes de calibration relative dans le domaine fréquentiel ($M \times N$-SISO, Alt-TLS-MIMO, TLS-MIMO), illustrés dans la section 3.4.

Comme dans la relation (3.53), les performances de reconstruction seront également obtenues en comparant l'erreur quadratique moyenne (MSE) entre le canal DL $\hat{\mathbf{G}}$ estimé par le EMOS et le canal DL $\hat{\mathbf{G}}_{rec}$ reconstruit à partir du canal UL et des facteurs de calibration déterminés par les algorithmes. Nous effectuerons ensuite une simulation de Monte-Carlo (≥ 500 expérimentations) nous permettant d'observer l'évolution du MSE sur chacune des sous-porteuses tout en variant le SNR.

Les résultats affichés dans la figure 4.12 montrent que l'algorithme $M \times N$-SISO donne de meilleurs résultats, même si l'erreur quadratique reste supérieure 10^{-2}.

Les meilleures performances de reconstruction de l'algorithme $M \times N$-SISO trouvent leur explication dans le processus d'estimation des canaux MIMO sur la plateforme EMOS. En effet, les canaux sont estimés individuellement pour chaque chaîne Tx/Rx, ce qui contraint la matrice de calibration à être diagonale. La procédure d'estimation simplifie donc l'estimation des paramètres de calibration pour l'algorithme $M \times N$-SISO qui ne détermine que les éléments sur la diagonale. Les 2 autres algorithmes calculent en plus les éléments nuls des matrices RF de calibration,

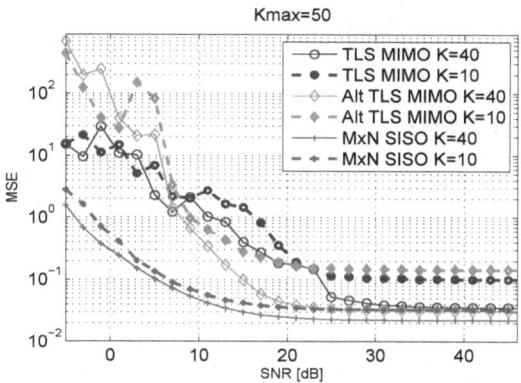

FIGURE 4.12 – *Performances de reconstruction des algorithmes sur des canaux MIMO réels*

entraînant de fait une plus grande erreur.

De plus, même si les résultats préliminaires de l'approche $M \times N$-SISO observés dans le Chapitre 3 montrent de plus faibles performances de reconstruction avec des canaux synthétiques et des matrices RF non-diagonales, cependant la technique $M \times N$-SISO détient les meilleures performances en terme de complexité algorithmique. Pour une première intégration de la calibration sur la plateforme LTE OAI, la complexité algorithmique du processus de calibration est également un facteur déterminant.

Partant des observations précédentes, nous avons sélectionné la méthode de calibration $M \times N$-SISO, qui constitue un bon compromis entre la reconstruction du canal DL et la simplification de l'implémentation du scénario RC.

Rappelons que dans la méthode de calibration $M \times N$-SISO, pour chacune des sous-porteuses OFDM, la solution SVD est appliquée sur chaque lien MIMO et le facteur de calibration pour l'antenne i et la sous-porteuse j est représenté par le scalaire $c_{i,j}$.

4.4.2 Conception du simulateur temps-réel

Illustration

Tout au long de cette section, nous décrirons les différentes étapes qui ont permis de réaliser l'implémentation pratique du spatial interweave CR sur la plateforme OpenAirInterface.

Comme nous l'avions introduit dans la section 4.2.3, l'intégration de nouveaux concepts dans la plateforme OAI passe avant tout par une phase de simulation. Cette phase permet de tester les algorithmes et les scénarios dans un environnement contrôlé sur le simulateur OAI. Notons que le simulateur reproduit le fonctionnement en temps-réel et partage exactement la même architecture logicielle et les mêmes protocoles que l'implémentation matérielle, le code utilisé étant le même. Partant de là, nous concevrons pour notre scénario RC spatial interweave, un simulateur du modem TDD-LTE-RC à partir duquel nous évaluerons les résultats des simulations. Cela permettra

77

de valider les algorithmes avant d'envisager une implémentation matérielle.

La figure 4.13 illustre le schéma de réalisation du simulateur sur la plateforme OAI. Dans le but de tester l'efficacité de l'algorithme sélectionné, nous avons introduit des filtres de "*décalibration*", ainsi que des variations ("offset") dans les fréquences des mélangeurs (UP/DOWN), dans le but de simuler la réponse impulsionnelle et les perturbations introduites par les circuits RF en LTE.

Le but final est de restaurer la réciprocité du canal de transmission en présence de ces perturbations et ensuite, d'améliorer les transmissions en utilisant le précodeur SIW-CR défini dans l'eNB2.

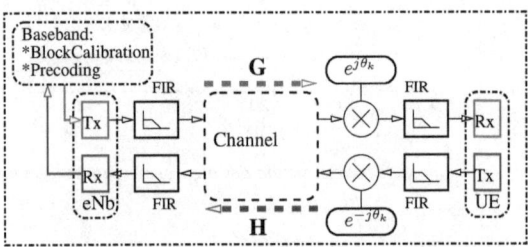

FIGURE 4.13 – *Illustration de la chaîne de simulation et de l'implémentation logicielle. Les effets des circuits RF sont modélisés en utilisant des filtres à réponse impulsionnelle finie (FIR) et le décalage de phase est simulé en ajoutant l'exponentielle.*

Nous supposerons toutefois dans tout au long de l'implémentation et dans l'ensemble des simulations que les utilisateurs secondaires ont une connaissance a priori de la configuration des transmissions primaires et que le système secondaire est au préalable parfaitement synchronisé avec le système primaire. L'idée consiste à détecter au niveau du secondaire les signaux de synchronisation diffusés par le système primaire ensuite le eNB secondaire ajustera ses sous-trames UL/DL sur celles du eNB primaire.

La section suivante décrira le challenge que représente l'implémentation des procédures de la calibration $M \times N$-SISO sur la plateforme OAI.

Procédures de calibration sur OAI : modification du protocole LTE

Nous supposons également que le canal est constant pendant la durée d'une trame LTE (i.e., $10ms$). On considère que les paramètres de calibration sons invariants durant une période de l'ordre de quelques secondes [50]. On exploitera ainsi plusieurs versions des canaux UL/DL dans le temps pour améliorer la calibration (formulation TLS).

En d'autres termes, pour chaque trame et sur chaque sous-porteuse OFDM (300 sous-porteuses), nous mémorisons séquentiellement, K estimations des canaux UL et de leurs équivalents DL.

La figure 4.14 décrit la procédure de calibration que nous avons développée. On observe que cette procédure sera activée juste après la phase "RRCConnectionSetupComplete" qui représente l'établissement de la connexion LTE RRC (radio resource control) entre la station de base (eNB)

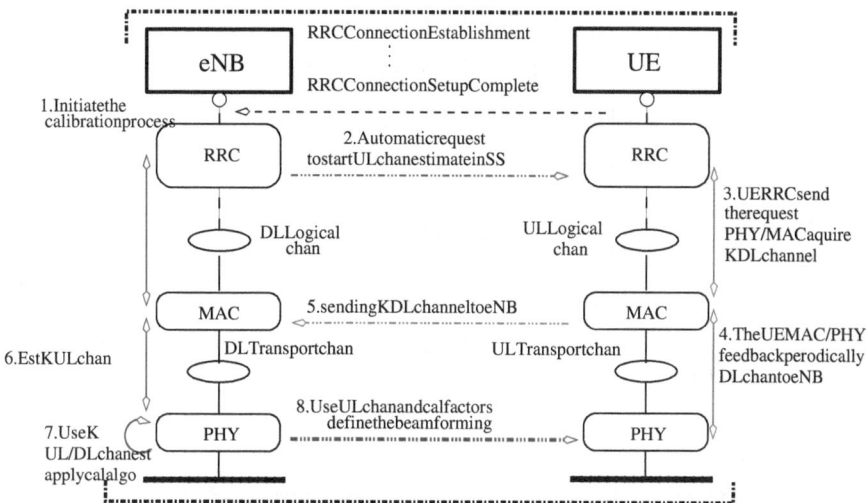

FIGURE 4.14 – *Signalisation et procédures de calibration LTE*

et l'utilisateur considéré (UE). L'étape suivante consistera à envoyer une requête spéciale afin
d'activer le début de l'estimation du canal DL par le UE dans les couches MAC et PHY. Cette estimation du canal DL est ensuite quantifiée et normalisée, puis ré-encapsulée comme une donnée
numérique dans un canal PUSCH retransmis vers le eNB (quantized feed-back). Le eNB enre-
gistre ce canal DL quantifié et estime simultanément le canal UL en utilisant les pilotes prédéfinis
dans la transmission UL, le canal UL est également quantifié et normalisé. Cette opération est
réitérée sur K trames afin d'obtenir les K estimations nécessaires à la calibration. Finalement,
cette première étape qui implique un feed-back pendant une courte période (K estimations), permettra l'application de l'algorithme de calibration au niveau du eNB. Ce dernier utilisera ensuite
les facteurs de calibration et les estimations des canaux UL suivants ($K + 1$) dans le but de
déterminer les canaux correspondant DL sans aucun feed-back.

Dans la section suivante, nous illustrerons les détails de l'implémentation de la solution SVD sur
la plateforme.

Calibration $M \times N$-SISO : implémentation de la solution SVD

Pour implémenter la solution de la calibration $M \times N$-SISO (3.27) qui utilise la décomposition
en valeur singulière (SVD) décrite dans la formulation TLS (3.26), il est important de définir une
méthode de calcul de la SVD sur la plateforme. En effet, l'adoption du langage de programmation "C" dans la plupart des couches de la plateforme complexifie l'implémentation de certaines
opérations matricielles (multiplication, inversion) pour des matrices de dimension $\geq 2 \times 2$. Des
études préliminaires nous ont permis de déterminer une solution simplifiée de la SVD (*voir an-*

nexe) telle qu'en supposant une matrice $\mathbf{M} \in \mathbb{C}^{K \times 2}$:

$$\mathbf{M}_{K \times 2} = [\hat{\mathbf{h}}_{i,j} \ \hat{\mathbf{g}}_{i,j}], \ \ \mathrm{SVD}\{\mathbf{M}\} = \mathbf{S}\mathbf{\Lambda}\mathbf{V}^*, \tag{4.8}$$

la solution du problème TLS (3.27) est donnée dans [56] par :

$$P_{i,j} = -\frac{\mathbf{v}_{12}}{\mathbf{v}_{22}}. \tag{4.9}$$

On peut écrire :

$$\begin{aligned}
\mathbf{M}^H \mathbf{M} &= \begin{bmatrix} w & x \\ y & z \end{bmatrix} \\
P_{i,j} &= \frac{2x}{w-z+\sqrt{(w+z)^2-4(wz-xy)}},
\end{aligned} \tag{4.10}$$

La solution $P_{i,j}$ est ainsi simplifiée vu que les facteurs sont des scalaires, ce qui facilite par conséquent la programmation sur la plateforme OAI. Nous observerons ensuite la modélisation du canal de propagation dans le simulateur OAI.

Modélisation du canal de transmission

L'implémentation des algorithmes dans le simulateur doit également permettre d'évaluer les performances de notre système RC pour plusieurs types de canaux. Les variations du canal de transmission sur la plateforme sont simulées en modifiant les paramètres d'un modèle générique de canal de Rice multi-trajets déterminé à travers deux étapes. La première étape consiste à générer un vecteur **a** défini par :

$$\mathbf{a}^{(n)} = \sqrt{\nu}\mathbf{a}^{(n-1)} + \sqrt{(1-\nu)}\sqrt{\left(\frac{r'}{2}A\right)} \circ \mathbf{g} + \sqrt{(1-\nu)}\Theta\sqrt{1-r'} \tag{4.11}$$

où $r' = \frac{1}{1+R}$, R représente le facteur de Rice (noté K ou C dans la littérature) qui défini le rapport de puissance $\frac{LOS}{NLOS}$, la variation du facteur de Rice permettra de représenter un trajet dominant (line of sight : LOS ou non LOS : NLOS). A représente l'amplitude des différents trajets, $g \sim \mathcal{CN}(0,1)$, $\nu \in [0,1]$ le facteur d'oubli (forgetting factor) qui ajuste la corrélation entre les différentes estimation, n pour les itérations, Θ est un vecteur dont le premier élément est un scalaire complexe de norme unité et les autres éléments sont nulles.

Dans la seconde étape, la réponse impulsionnelle est définie à travers l'équation suivante :

$$\begin{aligned}
h(m) &= \sum_{l=0}^{N_p-1} a[l] Sinc\left(m - Fs(l+\beta)\Delta_{\tau_d} - \frac{F_s}{2}\tau_{max}\right) \\
\Delta\tau_d &= \frac{\tau_{max}}{N_p}
\end{aligned} \tag{4.12}$$

où N_p est le nombre de trajets multiples, τ_{max} le délai maximum d'étalement des retards, F_s la fréquence d'échantillonnage et $\beta \in \mathbb{R}$ une variable pour assurer une enveloppe continue à la réponse impulsionnelle $h(m)$.

Nous prendrons également en compte dans le modèle de transmission les atténuations de propagation dans un espace libre P_{ls} définies par :

$$P_{ls} = 20 log_{10}\left(\frac{4\pi d}{\lambda}\right), \tag{4.13}$$

80

*	ITU P-A		EPA		EVA	
Taps	Délais (ns)	Puissances (dB)	Délais (ns)	Puissances (dB)	Délais (ns)	Puissances (dB)
1	0	0	0	0.0	0	0
2	110	−9.7	30	−1.0	30	−1.5
3	190	−19.2	70	−2.0	150	−1.4
4	410	−22.8	80	−3.0	310	−3.6
5			110	−8.0	370	−0.6
6			190	−17.2	710	−9.1
7			410	−20.8	1090	−7.0
8					1730	−12.0
9					2510	−16.9

P-A : Pedestrian A
EPA : Extended Pedestrian A model
EVA : Extended Vehicular A model

TABLE 4.2 – Exemple des canaux de transmission définis par l'IUT

avec d la distance entre l'antenne de transmission et de réception et λ la longueur d'onde.

Notons par ailleurs qu'en plus de ce modèle générique qui nous permet d'ajuster les paramètres du canal de transmission, nous considérerons dans notre étude divers autres modèles des canaux définis par l'IUT dont des exemples sont donnés dans le tableau 4.2 [25].

Nous aborderons dans la section suivante les modifications apportées dans la trame LTE-TDD et les procédures d'estimation des canaux.

Modification de la trame LTE-TDD et estimation du canal

Dans le scénario prédéfini dans la figure 4.4, les utilisateurs primaires n'utilisent qu'une seule antenne de transmission, aussi pour appliquer le scénario à l'implémentation LTE, on utilisera en LTE le mode de transmission 1 (une seule antenne de transmission). Cependant, ce mode de transmission met en évidence un problème fondamental. En effet, les estimations des canaux des 2 antennes du eNB2 sont nécessaires pour réaliser la calibration des circuits RF. Nous proposons donc de modifier la structure initiale de la sous-trame spéciale (SS) LTE-TDD dans les transmissions secondaires. En outre, pour que cette procédure soit effectuée sans générer de perturbation sur les transmissions primaires, on supposera que les primaires ne transmettent aucune information utile dans la sous-trame SS.

Comme nous l'avons mentionné précédemment, les canaux de transmission sur le simulateur OAI sont estimés à la réception grâce à des séquences d'apprentissage (pilotes ou RS). La figure 4.15 illustre la configuration que nous avons adoptée pour les RS (cell-specific RS) dans la sous-trame SS.

Cette nouvelle architecture que nous avons définie, est exceptionnellement destinée à l'estimation du canal DL des 2 antennes par le UE dans le mode de transmission 1 en LTE. Le nouvel emplacement des séquences pilotes occupe 1 symbole OFDM et peut donc être représenté dans la sous-trame SS. Notons par ailleurs que les séquences pilotes des antennes 0 et 1 sur la figure 4.15 sont représentées en fréquence et décalées par 2 sous-porteuses [25]. L'ensemble du canal de transmission est ensuite obtenu par des interpolations et des extrapolations adaptées aux

81

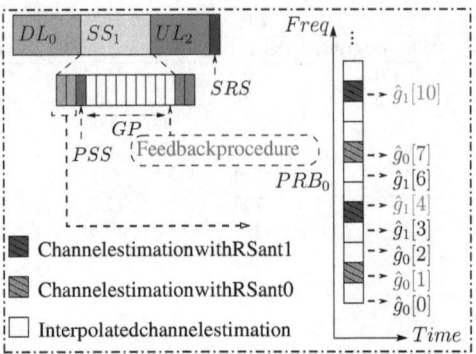

FIGURE 4.15 – *Structure de la sous-trame spéciale (SS) exploitée dans la procédure de feedback. L'estimation du canal avec les pilotes (RS) est obtenue grâce à une approche Least Squares. Dans les emplacements vides les canaux sont estimés par interpolation / extrapolation.*

nouveaux emplacements des RS dans la sous-trame spéciale.

Comme décrit dans la figure 4.15, des séquences pilotes spéciales correspondant aux antennes 0 et 1 sont transmises de façon orthogonale dans des REs (resource elements) spécifiques sur le premier symbole OFDM dans la sous-trame spéciale. Ces emplacements sont connus à la transmission (TX) et à la réception (Rx).

Supposons ensuite $P_i[j]$ le pilote dans le domaine fréquentiel conçu pour l'antenne i sur la j^{eme} sous-porteuse à la réception. Le UE1 estime tout d'abord de façon indépendante le coefficient du canal pour chaque sous-porteuse dans le premier symbole OFDM. Le coefficient $\hat{g}_i[j]$ du canal DL ($\hat{\mathbf{g}}_{ss}$) estimé dans le domaine fréquentiel est obtenu aux emplacements où il existe des RS prédéfinis (voir figure 4.15) directement par une approche des moindres carrés (least squares approach) [55] comme illustré dans la relation suivante :

$$
\begin{aligned}
\hat{g}_0[1] &= P_0^*[1] \times y[1] \\
\hat{g}_1[4] &= P_1^*[4] \times y[4]; \\
\hat{g}_0[7] &= P_0^*[7] \times y[7], \\
\hat{g}_1[10] &= P_1^*[10] \times y[10],
\end{aligned}
\tag{4.14}
$$

Avec $\hat{g}_i[j]$ le coefficient fréquentiel du canal DL estimé par le SU pour l'antenne i et la sous-porteuse j dans le RB considéré et $y[j]$ le signal reçu sur la sous-porteuse j.

Dans les REs où aucun RS n'est prédéfini, les coefficients des canaux sont estimés grâce à une pondération (interpolation et/ou extrapolation linéaire) des estimations précédentes telle que :

Interpolation linéaire

$$
\begin{aligned}
\hat{g}_0[2] &= \tfrac{5}{6}\hat{g}_0[1] + \tfrac{1}{6}\hat{g}_0[7], \\
\hat{g}_1[6] &= \tfrac{4}{6}\hat{g}_1[4] + \tfrac{2}{6}\hat{g}_1[10];
\end{aligned}
\tag{4.15}
$$

Extrapolation linéaire

$$\hat{g}_0[0] = \tfrac{7}{6}\hat{g}_0[1] - \tfrac{1}{6}\hat{g}_0[7],$$

$$\hat{g}_1[3] = \tfrac{7}{6}\hat{g}_1[4] - \tfrac{1}{6}\hat{g}_1[10].$$

(4.16)

Toutes ces procédures seront finalement intégrées dans l'algorithme général défini dans la section suivante.

Algorithme du modem radio cognitif LTE-TDD

À partir de la trame TDD définie dans la figure 4.5, on utilisera $N_{frame} \geq 500$ trames pour les expérimentations. Grâce aux études préliminaires, nous exploiterons $K = 15$ trames pour la détermination des facteurs de calibration [61].

L'algorithme 2 décrit de façon concise les procédures de transmission :

Algorithm 2 Illustration de l'algorithme spatial interweave implémenté à l'eNB2

1: $K_{max} = 15, N_{frame} = 500$;
2: **for** ($n = 1 : N_{frame}$) **do**
3:   ▷ **Acquisition des canaux**
4:     **if** ($k \leq K_{max}$) **then**
5:       Diffusion des pilotes de calibration dans le SS ;
6:       Estimation du canal UL ;
7:       Décodage / Normalisation / Quantification du canal DL à partir du PUSCH ;
8:       **if** (*PUSCH correctement décodé*) **then**
9:         Norm / Quant le canal UL ;
10:         Enregistrer le k *eme* canal UL et sont correspondant DL ;
11:         $k = k + 1$;
12:       **end if**
13:   ▷ **Calibration**
14:     **if** ($k = K_{max}$) **then**
15:       Activer l'algo de calibration à l'eNB2 ;
16:       Enregistrer le facteur de calibration dans un buffer à l'eNB2 ;
17:     **end if**
18:   **end if**
19: ▷ **Beamforming**
20:     **if** (($k > K_{max}$) && (*Calibration effectuée*)) **then**
21:       Estimer le canal UL interférent ;
22:       Exploiter le canal interférent UL et les facteurs de calibration ;
23:       Déduire le canal interférent DL à partir de l'étape 22 ;
24:       Appliquer le ZFB au signal de l'eNB2 ;
25:     **end if**
26: **end for**

Tout d'abord, nous transmettons les pilotes de la calibration du eNB2 vers l'UE2 dans la sous-trame SS, ensuite on active la procédure de feed-back des coefficients du canal DL tout en supposant que les utilisateurs primaires ne transmettent aucune information utile dans la sous-trame SS.

Les canaux UL et leurs correspondants DL sont ensuite sauvegardés dans les mémoires du eNB2, cela est résumé dans l'étape "▷ **Acquisition des canaux**". Dans l'étape "▷ **Calibration**", l'eNB2 à son tour exécute les algorithmes de calibration afin de déterminer les facteurs de calibration des circuits RF. Ces facteurs de calibration sont ensuite utilisés pour déduire les paramètres du canal interférent DL à partir du canal interférent UL. Pour finir, dans l'étape "▷ **Beamforming**", le ZFB est appliqué dans les transmissions eNB2 en utilisant le canal interférent DL comme décrit dans la section 4.3.2.

Nous aborderons dans la section suivante, les résultats obtenus en implémentant toutes les procédures dans la plateforme OAI.

4.5 Expérimentations sur le simulateur OpenAirInterface

4.5.1 Paramètres de transmission

Le tableau 4.3 illustre les paramètres de transmission utilisés pour la réalisation du scénario. On définira le beamforming à l'eNB2 sans aucune coopération du primaire. Afin de réduire la

Paramètres	Valeurs
Durée de l'échantillon T_s	$\frac{1}{7.68MHz}\mu s$, $130.2ns$
durée du symbole OFDM	$548T_s$, $71.35\mu s$
Taille du préfixe cyclique	$36T_s$, $4.69\mu s$
1 Time slot	7 symboles OFDM, $500\mu s$
Taille de la sous-trame	2 slots, $1ms$
Radio frame length	10 sous-trames, $10ms$
Bande passante allouée (nombre de RB)	$5MHz$, 25 RB
Nombre de sous-porteuses	512 (300 utiles)
Espacement des sous-porteuses	$\Delta 15kHz$
Bande passante Tx Max	$4.5MHz$
Fréquence porteuse principale	$1.9GHz$
Traitement du signal en bande de base	4 cartes ExpressMIMO
Type d'antennes :	Omnidirectionnel
Gain (Isotropic)	$5dBi$ (3G UMTS)
	$2dBi(1800MHz, 900MHz)$
Fréquences	PCS1900MHz/3G-UMTS
	GSM-900/1800MHz.

GSM : Global System for Mobile Communications,
PCS : Personal Communications Service

TABLE 4.3 – Paramètres de transmission utilisés durant les expérimentations

complexité de l'implémentation sur les autres terminaux, la majeure partie des processus et des algorithmes sera localisée dans l'eNB2 qui représente la station de base radio cognitive. Le UE2 quant à lui aura simplement pour rôle d'estimer le canal UL et d'accomplir le feed-back des informations du canal DL.

Les transmissions en temps-réel seront effectuées en supposant une durée des échantillons de $T_s = 130.2$ ns et une durée des symboles OFDM de 71.35 μs ($548T_s$, incluant une taille du préfixe cyclique de $36T_s$, $4.69\mu s$) pour un espacement des sous-porteuses de 15 kHz. La fréquence porteuse est de 1.9 GHz et la bande passante est divisée en 25 Resource Blocks (RB) de 12 sous-porteuses chacune. La configuration OFDMA en DL donne une bande passante maximum de transmission de 4.5 MHz (12 sous-porteuses $\times 15$ kHz $\times$ 25 RB).

Dans les simulations, les résultats sont obtenus en variant plusieurs paramètres de base tels que les valeurs des affaiblissements de propagation (pathloss) P_{ls}, le SNR, le nombre de trames, etc.

4.5.2 Évaluations de la calibration $M \times N$-SISO sur la plateforme

Nous évaluons ensuite les performances de reconstruction de l'algorithme de calibration $M \times N$-SISO, sélectionné grâce aux études préliminaires. On supposera initialement un très faible offset de fréquence n'impliquant aucun impact significatif sur les transmissions. La solution SVD explicitée dans la section 4.4.2 a ensuite été appliquée aux transmissions en temps-réel. La métrique de l'évaluation est représentée par l'erreur quadratique moyenne (EQM, MSE) entre le canal DL estimé $\mathbf{G}_{ss}$ et celui reconstruit à l'eNB $\hat{\mathbf{G}}_{ss}$ en utilisant la calibration de la réciprocité.

En considérant un modèle de canal multi-trajets suivant une distribution de Rayleigh, nous supposons dans un premier temps que le canal est parfaitement réciproque (i.e., "Cas parfait" figure 4.16). Ensuite, nous observons les performances de reconstruction quand les filtres de dé-calibration de la figure 4.13 sont activés.

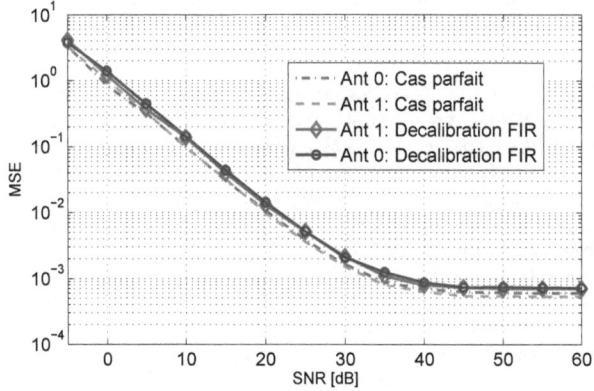

FIGURE 4.16 – *Comparaison du MSE des canaux DL reconstruits dans un cas parfait (i.e., sans perturbations des circuits RF), ensuite en supposant les filtres de dé-calibration.*

La figure 4.16 montre que même si l'erreur MSE du signal reconstruit dans le cas de la réciprocité parfaite est légèrement inférieure au cas avec les filtres de dé-calibration, toutefois les imperfections des filtres peuvent être compensées par la procédure de calibration. En outre, la reconstruction du canal DL est proche des estimations dans le cas d'une réciprocité parfaite.

Ces résultats renforcent donc les observations du Chapitre 3 qui décrivent l'algorithme $M \times N$-SISO comme étant un bon compromis pour les transmissions LTE-TDD.

4.5.3 Scénario LTE-RC : évaluation des transmissions primaires / secondaires

La figure 4.17 rappelle le modèle de transmission DL conforme aux spécifications LTE, avec les filtres RF TX/RX pour chacune des antennes. Les systèmes primaire et secondaire transmettent dans les mêmes bandes de fréquence et sont définis avec des atténuations de propagation P_{ls} dB (voir la relation (4.13)).

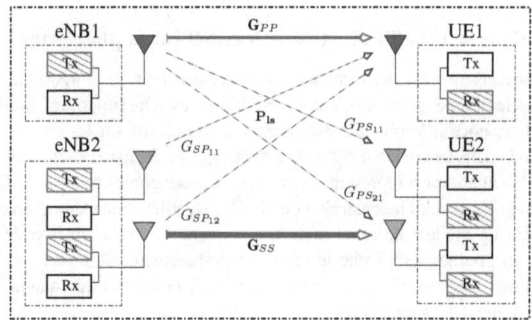

FIGURE 4.17 – *Description des systèmes primaires et secondaires avec les atténuations de chemins et les canaux interférents en DL.*

Le secondaire "écoute" tout d'abord les transmissions primaires, dans le but de synchroniser ses sous-trames UL/DL sur celles du primaire. Ensuite, pendant l'étape de la calibration relative dans le simulateur OAI, on fixe $K = [10 \ 15]$ le nombre des estimations requises pour la calibration [61]. Par ailleurs, en supposant que le canal est constant au moins pendant la durée d'une trame TDD-LTE (10 ms) on sauvegarde pour chaque trame k un canal UL et son correspondant DL. Les K couples de canaux UL/DL sont supposés transmis et sauvegardés parfaitement sans aucune perturbation de chaque coté TX/RX.

La calibration et la réciprocité du canal sont finalement utilisées pour obtenir les canaux sans feedback. Par la suite, en appliquant les relations (4.2) et (4.3), on définit automatiquement une technique d'annulation des interférences provenant du lien secondaire vers le lien primaire. Cette annulation d'interférence est illustrée par l'expression : $\mathbf{pG}_{ps} \approx 0$, où $\mathbf{p}$ représente le vecteur zero forcing beamforming (ZF-BF) appliqué au Tx secondaire eNB2.

La section suivante illustre les résultats des transmissions simultanées entre primaire et secondaire.

Résultats numériques

Les évaluations consistent essentiellement à observer les variations des débits des transmissions primaires et secondaires. Nous illustrons les performances en considérant 100 trames LTE-TDD, $K = 10$, un fort LOS (facteur de Rice de 70 dB), avec une variation de -5 dB à 5 dB du rapport P_{Ts}/P_{Tp} (en dB) de la puissance de transmission secondaire (P_{Ts}) sur la puissance de transmission primaire (P_{Tp}). On considère également un canal 2×2-MIMO dans le lien secondaire et un canal SISO au primaire.

Le rapport signal sur bruit (SNR, RSB) dans le simulateur est calculé en fonction de la puissance du signal reçu (P_R) et du bruit thermique :

$$\text{SNR} = \frac{P_R}{N_0}, \Rightarrow \text{SNR(dB)} = P_R(\text{dB}) - N_0(\text{dB}),$$

où N_0 représente la puissance du bruit thermique donnée par $N_0 = 10\log(K_b \times T_p \times B)$, K_b la constante de Boltzmann, T_p la température en Kelvin et B la bande passante. P_R est obtenue à travers un bilan de liaison classique. En considérant un système simplifié avec les pertes générées par les affaiblissements de chemin P_{ls}, on obtient la puissance du signal au récepteur $P_R(\text{dB}) = P_T(\text{dB}) - P_{ls}(\text{dB})$. Partant de là, on déterminera $P_{ls}(\text{dB})$ dans les simulations à travers la relation : $P_{ls}(\text{dB}) = \text{SNR(dB)} - N_0(\text{dB})$.

L'observation dans la figure 4.18 des débits de transmission (en Kb/s) en fonction du SNR indique que sans aucune calibration et avec un rapport des puissances de transmission $P_{Ts}/P_{Tp} = -5$ dB, les transmissions primaires ne sont pas impactées, alors que les transmissions secondaires sont totalement perturbées. Lorsque le rapport de puissance atteint 5 dB, le débit du primaire sans le précodage BF s'effondre, cependant l'activation du précodage au secondaire améliore les transmissions primaires et favorise la cohabitation entre les 2 systèmes. Ces évaluations montrent

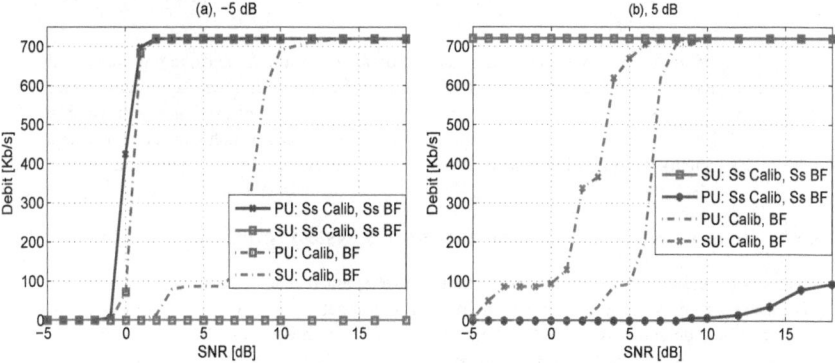

FIGURE 4.18 – *Illustration des débits de transmission par rapport au SNR avec et sans la calibration plus le beamforming (BF), et le rapport des puissances P_{Ts}/P_{Tp} variant de $= -5dB$ à $= 5dB$. On observe les transmissions nulles des secondaires et les améliorations générées par le BF. On remarque également que les transmissions secondaires perturbent totalement les transmissions primaires sans le BF.*

par ailleurs que les utilisateurs secondaires peuvent toujours communiquer même en réduisant leur puissance d'émission.

La figure 4.19 met en évidence la coexistence entre le système primaire et le système secondaire en fonction de la variation du rapport des puissances de transmission P_{Ts}/P_{Tp}. La com-

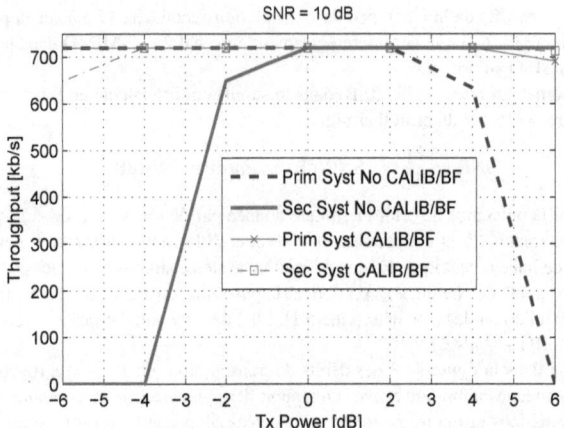

FIGURE 4.19 – *Observation des débits en fonction des puissances de transmission, un SNR= 10 dB, le facteur de Rice = 70 dB. Les transmissions primaires s'effondrent après 5dB du fait des interférences secondaires.*

paraison des débits de transmission atteste que les débits du primaire s'effondrent après 5 dB du fait des interférences générées par le secondaire et de l'absence du précodage radio cognitif interweave. Toutefois, en appliquant le précodage linéaire RC, tous les systèmes sont capables d'émettre. Rappelons tout de même que l'une des hypothèses fondamentales réside dans l'invariabilité des facteurs de calibration pendant toute la durée des simulations ($\geq$ 100 trames).

4.5.4 Impact des transmissions cognitives sur le système primaire

Les simulations ont ensuite été approfondies en étudiant non seulement l'impact des transmissions secondaires sur le récepteur primaire UE1, mais également les contraintes liées au feedback des CSIT downlink de l'UE2 à eNB2. À cet effet, on constate que le débit de transmission nécessaire au feed-back des informations de UE2 à eNB2 dépend du type de modulation, du schéma de codage (MCS : Modulation and Coding Scheme), du nombre d'antennes (2), de la quantification du canal DL (8 bits) et du nombre de sous porteuse utiles OFDM (300). Pour chaque trame, le canal DL est ainsi estimé par le UE2 et cette estimation est ensuite retransmise en UL et utilisant le canal PUSCH. Par conséquent, la transmission des coefficients (réels et complexes) des canaux sur toutes les sous-porteuses OFDM en utilisant le PUSCH nécessite $2 \times 8 \times 300 \times 2 = 9600$ bits. Afin d'obtenir un canal UL et son équivalent DL, la réalisation du feed-back est donc conditionnée par la capacité à transmettre en UL 9600 bits de données pendant la durée d'une seule trame (10 ms) le canal étant supposé constant pendant cette période [64].

La prise en compte de ces différents paramètres dans le simulateur LTE permet d'appréhender les difficultés de l'implémentation hardware. les résultats obtenus sont illustrés dans la section suivante.

Résultats numériques

Dans le but d'étudier directement l'impact du précodage linéaire RC-SIW sur le système primaire, nous comparons la constellation du signal reçu par le UE1 avant et après l'activation du précodage interweave à l'eNB2. Ensuite, nous exécutons les simulations avec 500 trames, $K = 10$ et différents modèles de canal de transmission MIMO (extended vehicular A : EVA, spatial channel model C : SCM-C, etc).

Dans les figures 4.21 et 4.20, on observe la constellation du signal reçu à l'utilisateur primaire UE1 en supposant une modulation QPSK et 16-QAM (quadrature amplitude modulation) respectivement avec et sans beamforming.

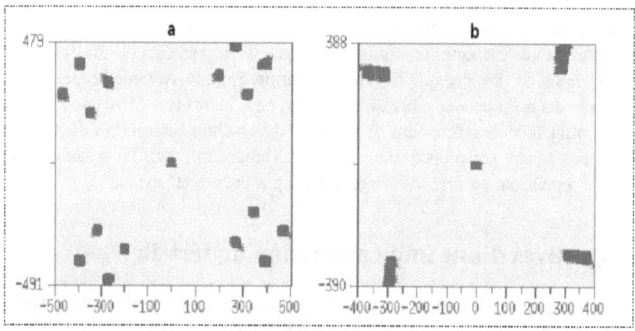

FIGURE 4.20 – *Constellation QPSK du signal reçu au primaire UE1 en présence des interférences du secondaire eNB2 $P_{ls} = 5dB$, $SNR = 25dB$, en supposant une parfaite réciprocité : Fig. a : sans ZFB, et Fig. b : avec le ZFB activé.*

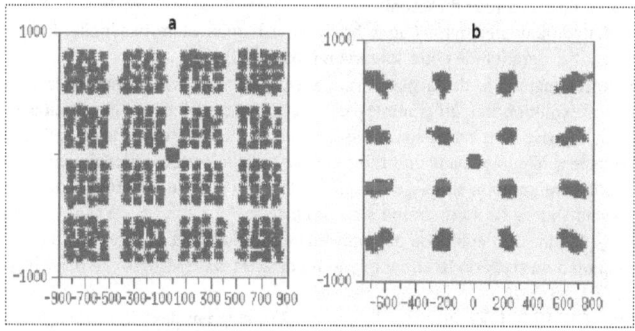

FIGURE 4.21 – *Constellation 16-QAM du signal reçu au primaire UE1 en présence des interférences du secondaire eNB2 $P_{ls} = 5dB$, $SNR = 25dB$, en supposant une parfaite réciprocité : Fig. a : sans ZFB, et Fig. b : avec le ZFB activé.*

En considérant un affaiblissement de propagation entre système de $P_{ls} = 5$ dB (i.e., le primaire et le secondaire sont très proches dans la même salle par exemple) et un modèle de canal de Rice sélectif en fréquence (au moins 1 LOS et 8 trajets), on observe que sans le précodeur au secondaire, les interférences génèrent un diagramme de constellation très bruité à la réception du UE1. Par la suite, le précodeur exprimé dans la section 4.3.2 est appliqué dans les transmissions du eNB2. Les résultats avec les paramètres précédents nous montrent que les valeurs complexes des constellations QPSK et 16-QAM du primaire restent particulièrement bien localisées dans le diagramme.

Il est donc clair que notre précodeur linéaire spatial interweave RC améliore la qualité des signaux reçu à l'UE1, même en présence des interférences provenant du eNB2 secondaire. Comme précédemment, on observe également qu'en utilisant le ZFB, le primaire et le secondaire peuvent cohabiter dans un même environnement radio.

Notons toutefois que certaines contraintes pratiques n'ont pas été considérées dans ces simulations. Par exemple, on observe que la synchronisation entre le système primaire et le système secondaire est par défaut supposée effectuée. En effet, nous avons considéré que le système secondaire écoutait initialement les diffusions des signaux de synchronisation PSS du primaire (chaque 100 trames) afin d'ajuster ses propres transmissions. Cependant, dans un système pratique LTE-TDD, cette idée représente un vrai challenge qui n'a pas encore été évalué.

4.6 Perspectives d'une implémentation matérielle

Les expérimentations et les résultats sur le simulateur RC de la plateforme OAI ont avant tout été initiés pour faciliter les perspectives d'une future implémentation matérielle, la structure de l'implémentation matérielle étant similaire à celle de l'implémentation logicielle. Par conséquent, nous conserverons les algorithmes que nous avons réalisés dans les sections précédentes. Toutefois, l'implémentation pratique implique également d'autres contraintes spécifiques au développement matériel qui ne sont malheureusement pas toutes à notre portée. On mentionnera notamment la capacité de fonctionnement et la compatibilité des équipements utilisés, la synchronisation du primaire et du secondaire, etc.

Dans cette section, nous illustrerons donc brièvement l'architecture matérielle de la plateforme OAI permettant l'intégration de notre solution radio cognitive.

L'architecture matérielle de la plateforme a été principalement caractérisée au cours des années par une évolution des programmes informatiques et des cartes électroniques de traitement en bande de base. Ces cartes sont utilisées pour la transmission et la réception TDD/FDD et sont directement intégrées dans un ordinateur basé sur le système d'exploitation libre Linux (Ubuntu). Cette configuration simplifie l'implémentation logicielle et permet d'analyser directement les caractéristiques de transmission sur l'ordinateur.

La figure 4.22 illustre l'évolution des cartes de transmission et de réception. On observe que l'implémentation d'un scénario RC impliquera soit des cartes CBMIMOI-V2 (CardBus MIMO I) ou des cartes ExpressMIMO.

Les cartes CBMIMOI décrites dans la figure 4.23, intègrent des FPGA pour les traitements en bande de base et les chaînes RF TDD sur les mêmes bords électroniques.

Elles permettent de transmettre et de recevoir des données sur des fréquences porteuses de l'ordre de 1.9 GHz, avec une bande passante de 5 MHz dans un système 2×2-MIMO OFDM. Cependant, face aux contraintes imposées dans son utilisation (i.e., temps de latence, limitation de

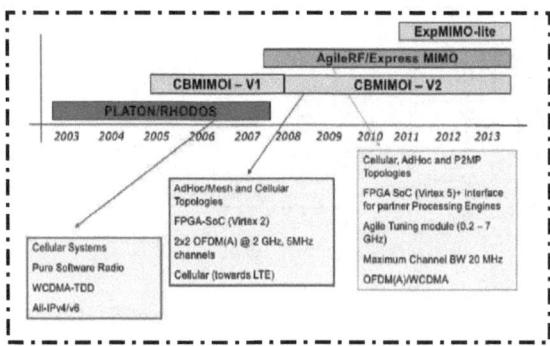

FIGURE 4.22 – *Évolution de l'architecture matérielle de OpenAirInterface. (Image Eurecom).*

FIGURE 4.23 – *Matériel de transmission temps-réel avec les cartes CBMIMO et les antennes.*

la mémoire, etc "http ://www.openairinterface.org/cardbus-mimo-i"), la plupart des intégrations matérielles récentes sur la plateforme OpenAirInterface adoptent les cartes ExpressMIMO en cours de développement.

Les cartes ExpressMIMO illustrées dans la figure 4.24 permettent de meilleures performances de transmission et peuvent être déployées sur des systèmes 4×4-MIMO. En outre, ces cartes offrent de nombreux avantages notamment la vitesse de traitement, les convertisseurs analogiques et numériques intégrés (ADC/DAC), l'étendue des fréquences porteuses supportées de 200 MHz à 7.5 Ghz, la bande passante 20 MHz (permettant l'intégration des solutions LTE advanced, UMTS et LTE avec 4 antennes).

Contrairement au CBMIMO, la carte ExpressMIMO se focalise principalement sur le traitement en bande de base. La figure 4.25 illustre l'ensemble du dispositif, on observe que les cartes sont directement branchées dans un ordinateur et l'étage RF est séparé des circuits électroniques. Cependant, une nouvelle architecture de la carte ExpressMIMO est en cours de développement, dans le but d'intégrer sur les mêmes circuits électroniques la partie RF et la partie du traitement en bande de base.

Les terminaux eNB$\{1, 2\}$, UE$\{1, 2\}$ sont individuellement configurés dans des ordinateurs différents qui intègrent les mêmes équipements. Ainsi, le scénario initial de la figure 4.4 sera implémenté en utilisant l'architecture décrite dans les figures 4.25 et 4.24.

Même si l'implémentation matérielle est en cours de développement, une version de

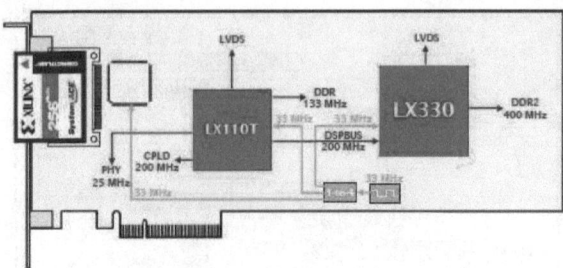

FIGURE 4.24 – *Structure des cartes ExpressMIMO avec les composants FPGA : LX330, LX110T.*

FIGURE 4.25 – *Illustration des équipements expérimentaux destinés à l'implémentation pratique. On distingue les circuits RF, les antennes et la carte de traitement ExpressMIMO. Ces équipements décrivent le eNB2 dans le scénario de la figure 4.4.*

démonstration intégrant certaines procédures notamment les transmissions UL/DL eNB2↔UE2, le feed-back digital et certaines procédures de la calibration a été illustrée dans la session de démonstration de la conférence "Future Network and Mobile Summit-2012" (*http ://www.futurenetworksummit.eu/2012/default.asp ?page=exhib*).

4.7 Conclusions partielles

L'implémentation pratique des techniques de transmission radio cognitives n'est pas toujours évidente et génère de nombreux défis techniques. Dans ce chapitre, notre objectif était de relever ce challenge en proposant une alternative d'implémentation pratique à nos solutions radio cognitives. Plus concrètement, afin de compenser les interférences du secondaire vers le primaire, nous avons défini une signalisation LTE pour la calibration relative OTA (Over-The-Air) sans aucune coopération entre systèmes primaires et secondaires. Nous avons ensuite implémenté et évalué les performances de nos solutions de calibration et du précodage linéaire spatial interweave sur la plateforme OAI qui est un environnement de transmission temps-réel exploitant les spécifications TDD-LTE. Les résultats de la plateforme confirment la faisabilité de l'approche radio cognitive spatial interweave, ils montrent également que la calibration $M \times N$-SISO, sélectionnée du fait de sa faible complexité, est applicable à un système de transmission TDD-LTE. Son efficacité dépend toutefois de la précision de la phase d'apprentissage.

Certaines problématiques restent encore à évaluer (e.g., la synchronisation), tout de même, la réalisation logicielle nous a permis d'implémenter les algorithmes ainsi que des solutions innovantes dans la plateforme LTE, et enfin, d'évaluer les résultats dans une situation de transmission pratique.

Deuxième partie

Scénario Radio Cognitif Multi-utilisateurs

Chapitre 5

Scénario Radio Cognitif Multi-Utilisateurs : Massive-MIMO

Sommaire

5.1 Introduction

Dans la première partie de notre étude, nous avons illustré les performances d'une implémentation radio cognitive "spatiale interweave" dans un système de transmission mono-utilisateur. Afin de généraliser notre approche, dans cette seconde partie, nous proposons d'étendre notre scénario à un système de transmission sans fil multi-utilisateurs et multi-cellulaire et d'évaluer les résultats dans une situation pratique.

On dénombre par ailleurs dans la littérature de multiples systèmes de transmission multi-utilisateurs et malgré les innovations récentes des standards et des débits de transmission (e.g., 3G, UMTS, 4G, LTE), les prévisions illustrées dans la figure 5.1 permettent de constater une grande progression des besoins en terme de capacité et de débit de transmission. Cette progression exponentielle des besoins de nos jours conduit de ce fait, à repenser les méthodes de transmission multi-utilisateurs, avec pour objectif principal l'augmentation constante des capacités de transmission.

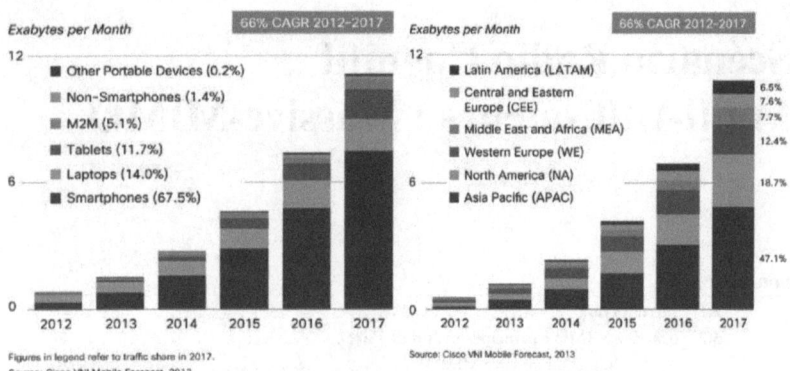

FIGURE 5.1 – *Estimation du trafic des équipements mobiles dans le monde (CAGR : compound annual growth rate) en constante progression de 2012 à 2017. La seconde figure montre l'estimation de la demande en fonction des continents.*

Face à ce challenge, il est opportun d'explorer des technologies innovantes qui permettrons de combler cette énorme demande.

Notre étude s'inscrit dans cette optique et suggère d'optimiser l'utilisation du spectre électromagnétique grâce à la radio cognitive. En outre, dans le but de répondre à ces préoccupations dans un contexte multi-utilisateurs, dans ce chapitre nous proposons de combiner les méthodes de transmission radio cognitives et massive MIMO. Cette idée est motivée par les performances significatives issues du massive MIMO. En effet, le massive MIMO est une méthode de transmission multi-antennes à grande échelle qui exploite un grand nombre d'antennes à la station de base afin d'accroître les capacités de transmission et d'améliorer la fiabilité des réseaux de transmission cellulaires sans fil.

Tout au long de ce chapitre, nous décrirons dans un premier temps les bases de cette approche MIMO à grande échelle et nous illustrerons les avantages d'une association des méthodes radio cognitives et des transmissions massive MIMO. Par ailleurs, nous conserverons les notations des chapitres précédents.

5.2 Massive MIMO : principes et état de l'art

L'idée des transmissions multi-cellulaires massive MIMO (aussi dénommé "hyper MIMO, large scale MIMO") a été introduite dans [65] par T. L. Marzetta. Elle suggère d'utiliser un grand nombre d'antennes à la station de base ($N \rightarrow \infty$ en théorie) afin d'augmenter les capacités de transmission et de réduire les perturbations liées aux bruits et aux interférences dans un système cellulaire. De plus, comme nous l'avions illustré dans le Chapitre 2, l'augmentation du nombre d'antennes introduit un plus grand degré de liberté et offre plus de possibilité pour l'annulation des interférences, l'augmentation des capacités de transmission, etc.

5.2.1 Intérêt du massive MIMO

Transmissions downlink (DL)

Nous supposerons un système multi-cellulaire et multi-utilisateurs constitué de B cellules de K utilisateurs, de N antennes à chaque station de base massive MIMO et de M antennes par utilisateur ($N >> KM$). En DL, le signal $\mathbf{x} \in \mathbb{C}^{N \times 1}$ transmis à la station de base et le signal reçu ($\mathbf{y_K} \in \mathbb{C}^{KM \times 1}$) par les K utilisateurs de la cellule b s'expriment suivant la relation :

$$\mathbf{y_K} = \mathbf{G}_b \mathbf{x}_b + \sum_{c=1, c\neq b}^{B} \mathbf{G}_{cK} \mathbf{x}_c + \mathbf{n_K}, \tag{5.1}$$

avec $\mathbf{y_K}_{(KM \times 1)} = [\mathbf{y}_1, \mathbf{y}_2, ..., \mathbf{y}_K]$, $\mathbf{y}_k \in \mathbb{C}^{M \times 1}$, $\mathbf{G}_{b(KM \times N)} = [\mathbf{G}_{b1}, \mathbf{G}_{b2}, ..., \mathbf{G}_{bK}]^T$ la matrice du canal DL dans la cellule b, $\mathbf{n_K}$ le vecteur décrivant le bruit blanc additif Gaussien aux récepteurs. Le terme $\sum_{c=1, c\neq b}^{B} \mathbf{G}_{cK} \mathbf{x}_c$ représente les signaux interférents issus des autres stations de base, avec $\mathbf{G}_{cK}$ le canal DL entre la cellule c et les K utilisateurs de la cellule b.

Dans une transmission DL MIMO conventionnelle, la station de base b transmet des séquences pilotes orthogonales permettant aux utilisateurs d'estimer le canal DL et ainsi de détecter le signal transmis $\mathbf{x}_b$ (détection cohérente). Cette méthode est réalisable à condition que le canal reste constant durant la phase d'estimation et de détection. Par conséquent, les pilotes doivent être transmis dans un intervalle de temps inférieur au temps de cohérence du canal DL (T_{coh}). Toutefois, en massive MIMO, l'utilisation d'un nombre élevé d'antennes à la station de base limite considérablement la capacité des utilisateurs à estimer le canal DL. En effet, le nombre de pilotes orthogonaux par symbole doit être proportionnel au nombre d'antennes à la station de base N. En outre, pour $N \rightarrow \infty$, le délai de transmission des séquences pilotes pourrait largement dépasser le temps de cohérence du canal DL. De ce fait, l'alternative privilégiée pour la transmission des signaux DL en massive MIMO est le précodage à l'émetteur. Ce précodage est basé sur l'acquisition a priori du canal de transmission et permet de s'affranchir des contraintes liées à l'estimation du canal DL [66, 67].

Nous analyserons ce précodage massive MIMO à l'aide d'un précodeur linéaire MRC (maximum ratio combining) $\hat{\mathbf{P}}_b$ qui utilise le filtre adapté à l'estimée du canal DL $\mathbf{G}_b$ à la station de base b telle que :

$$\mathbf{x} = \mathbf{P}_b \mathbf{s} = \alpha \hat{\mathbf{G}}_b^H \mathbf{s} \tag{5.2}$$

avec α la contrainte de puissance et $\mathbf{s}$ le vecteur transmis par la station de base et contenant les données des K utilisateurs. Ainsi, le signal $\mathbf{y}_K$ reçu par les K utilisateurs dans la cellule b est représenté par :

$$\mathbf{y_K} = \alpha \mathbf{G}_b \hat{\mathbf{G}}_b^H \mathbf{s} + \beta \sum_{c=1, c\neq b}^{B} \mathbf{G}_{cK} \hat{\mathbf{G}}_c^H \mathbf{s} + \mathbf{n_K}, \tag{5.3}$$

Considérons un canal DL avec les coefficients des vecteurs ligne répartis de façon i.i.d, de moyenne nulle et de variance unitaire et une estimation parfaite du canal à la station de base ($\hat{\mathbf{G}}_b = \mathbf{G}_b$). À partir de l'équation (5.3) on observe que l'application du précodeur MRC permet d'écrire le signal reçu par chacun des utilisateurs k tel que :

$$\mathbf{y}_k = \frac{1}{N}\mathbf{g}_b\hat{\mathbf{g}}_b^H \mathbf{s} + \frac{1}{N}\sum_{c=1,c\neq b}^{B}\mathbf{g}_{ck}\hat{\mathbf{g}}_c^H \mathbf{s} + \mathbf{n}_K,$$

où $\mathbf{g}_b \in \mathbb{C}^{1\times N}$ représente la ligne de la matrice $\mathbf{G}_b$ correspondant au canal DL reliant la station de base et l'utilisateur k. En appliquant la loi forte des grands nombres, on remarque que pour $N \to \infty$ on obtient [68, 69, 70] :

$$\lim_{N\to\infty}\frac{1}{N}\sum_{n=1}^{N}g_b[n]\hat{g}_b^*[n]s_k = \mathbb{E}[g_b\hat{g}_b^*]s_k = s_k$$

$$\lim_{N\to\infty}\frac{1}{N}\sum_{n=1}^{N}g_{ck}[n]\hat{g}_c^*[n]s = \mathbb{E}[g_{ck}\hat{g}_c^*] = 0.$$

Ce qui indique qu'il est possible en augmentant considérablement le nombre d'antennes, de retrouver le symbole s_k destiné à l'utilisateur k et de supprimer les interférences entre cellules. Plus généralement, cela se traduira en DL dans l'équation (5.3) par une matrice diagonale telle que $\frac{1}{N}\mathbf{G}_b\hat{\mathbf{G}}_b^H \to \alpha\mathbf{I}_{KM}$ avec α une constante, tandis que le second terme qui représente les interférences inter-cellulaires tend vers une matrice nulle $\frac{1}{N}\mathbf{G}_{cK}\hat{\mathbf{G}}_c^H \to 0$.

Transmissions uplink (UL)

À la différence des transmissions DL, dans les transmissions uplink (UL) on peut estimer le canal à la station de base. En effet, le nombre d'utilisateurs par cellule est inférieur au nombre d'antennes ($KM << N$). Il est donc possible de transmettre simultanément, dans les mêmes ressources temps / fréquence, les séquences pilotes orthogonales de chacun des utilisateurs. La stratégie est similaire à celle d'une transmission MIMO conventionnelle utilisant une détection cohérente. Elle consiste à estimer le canal de transmission UL $\mathbf{H}$ à la station de base, à l'aide de séquences pilotes et à détecter les signaux avec un filtre de réception (MF : matched filter, ZF : zero-forcing, MMSE : minimum mean square error, etc). Ainsi, en supposant une estimation parfaite du canal de transmission DL $\mathbf{H}$, dans le cas d'une détection avec un filtre adapté $\alpha'\mathbf{H}^H \in \mathbb{C}^{KM\times N}$, le signal $\mathbf{y}_b$ reçu à la station de base b, s'exprime suivant la forme :

$$\mathbf{y}_b = \alpha'\hat{\mathbf{H}}_b^H\left(\mathbf{H}_b\mathbf{x}_b + \sum_{c=1,c\neq b}^{B}\mathbf{H}_{cK}\mathbf{x}_c + \mathbf{n}_K\right) \tag{5.4}$$

$$= \alpha'\hat{\mathbf{H}}_b^H\mathbf{H}_b\mathbf{x}_b + \sum_{c=1,c\neq b}^{B}\alpha'\hat{\mathbf{H}}_b^H\mathbf{H}_{cK}\mathbf{x}_c + \alpha'\hat{\mathbf{H}}_b^H\mathbf{n}_K, \tag{5.5}$$

avec le terme contenant les interférences inter cellules $\sum_{c=1,c\neq b}^{B}\hat{\mathbf{H}}_b^H\mathbf{H}_{cK}\mathbf{x}_c$.
On retrouve un schéma similaire à celui des transmissions DL, en effet, pour $M = 1$ antenne par

utilisateur, le signal $\mathbf{y}_k$ correspondant à un utilisateur k sera déterminé à la station de base avec la relation :

$$\mathbf{y}_k = \frac{1}{N}\hat{\mathbf{h}}_b^H \mathbf{h}_b \mathbf{x}_k + \sum_{c=1,c\neq b}^{B} \frac{1}{N}\hat{\mathbf{h}}_b^H \mathbf{h}_{cK} \mathbf{x}_c + \frac{1}{N}\hat{\mathbf{h}}_b^H \mathbf{n}_K, \tag{5.6}$$

où $\mathbf{h}_b \in \mathbb{C}^{N\times 1}$ est le vecteur colonne représentant le canal de transmission UL entre l'utilisateur k et la station de base. On observe également que si l'on considère les éléments des vecteurs colonnes de la matrice du canal UL distribués i.i.d de moyenne nulle et de variance unitaire, alors l'application de la loi forte des grands nombres nous permet d'écrire :

$$\lim_{N\to\infty} \tfrac{1}{N}\hat{\mathbf{h}}_b^H \mathbf{h}_b \mathbf{x}_k = \mathbb{E}[g_b \hat{g}_b^*] x_k = x_k$$

$$\lim_{N\to\infty} \tfrac{1}{N}\hat{\mathbf{h}}_b^H \mathbf{h}_{cK} = \mathbb{E}[h_b^* \hat{h}_{ck}] = 0$$

$$\lim_{N\to\infty} \tfrac{1}{N}\hat{\mathbf{h}}_b^H \mathbf{n}_b = \mathbb{E}[h_b^* \hat{n}_b] = 0.$$

Les termes des interférences et du bruit sont ainsi annulés et on retrouve le symbole transmis par chaque utilisateur. On remarque finalement à partir de l'équation (5.4) en UL que $\frac{1}{N}\hat{\mathbf{H}}_b^H \mathbf{H}_b \to \alpha \mathbf{I}_{KM}$ avec α une constante et les termes des interférences et du bruit thermique tendent vers des matrices nulles $\frac{1}{N}\hat{\mathbf{H}}_b^H \mathbf{H}_{cK} \to \mathbf{0}$.

Conditions favorables de propagation

La notion de *"condition favorable de propagation"* a été introduite dans [67, 66] et traduit les conditions du canal de propagation permettant une transmission optimale en massive MIMO. Ces conditions sont remplies lorsque pour $N \to \infty$:
- on obtient pour les canaux UL (**H**) et DL (**G**), les relations $\frac{1}{N}\mathbf{H}_b^H \mathbf{H}_b \to \mathbf{D}_{\mathbf{H}_{KM}}$, $\frac{1}{N}\mathbf{G}_b \mathbf{G}_b^H \to \mathbf{D}_{\mathbf{G}_{KM}}$ avec **D** une matrice diagonale,
- l'application du filtre de réception en UL et du précodeur en DL annule les coefficients des interférences UL/DL entre cellules ($\frac{1}{N}\mathbf{H}_c^H \mathbf{H}_b \to \mathbf{0}$, $\frac{1}{N}\mathbf{G}_b \mathbf{G}_c^H \to \mathbf{0}$) ainsi que les bruits thermiques (bruit blanc).

Ainsi, pour une grande valeur de $N \to \infty$, les produits des éléments décorrélés peuvent être négligés. Nous avons observé précédemment que ces conditions sont remplies lorsque les éléments des canaux UL/DL sont i.i.d de moyenne nulle et de variance unitaire.

Tout de même, en pratique il existe divers modèles de canal de propagation non i.i.d (e.g., modèle de Kronecker), il est donc important d'évaluer l'impact du massive MIMO pour ces modèles.

Dans cette même optique, les auteurs dans [67, 66] ont étudié les caractéristiques du massive MIMO dans un canal **G** avec des éléments i, j définis suivant la forme :

$$g_{ij} = \alpha_{ij}.\beta^{1/2}, \tag{5.7}$$

avec α_{ij} le coefficient du "fast fading" supposé de moyenne nulle et de variance unitaire et β le paramètre décrivant le "shadow fading" (les atténuations lentes, slow fading, shadowing). Les résultats montrent que l'utilisation des techniques massive MIMO permettent d'éliminer les perturbations dues au fast fading α_{ij} (généralement supposés i.i.d). Mais il existe toutefois des interférences résiduelles générées par les coefficients du shadowing [67]. Ainsi, la plupart des études sur le massive MIMO confirment que quelque soit le modèle du canal de propagation, il est toujours avantageux d'accroître le nombre d'antennes à la station de base. En effet cette augmentation améliore la robustesse de la détection des signaux, les capacités de transmission tout en optimisant les puissances d'émission (réduction de l'ordre de $1/N$ pour une connaissance parfaite du canal, de $1/\sqrt{N}$ dans le cas d'une estimation du canal avec des séquences pilotes) [71, 67].

Le massive MIMO constitue donc une véritable innovation pour les télécommunications sans fil, d'autant plus que de récentes publications basées sur un partitionnement des utilisateurs, la théorie des matrices aléatoires et les méthodes de précodage montrent que le nombre d'antennes nécessaire pour bénéficier de "l'effet massive MIMO" peut être considérablement réduit en pratique (de l'ordre d'une centaine) [72, 73].

5.2.2   Quelques problématiques des transmissions massive MIMO

De nombreuses problématiques sont liées à cette vision innovante des transmissions radio, notamment les perturbations générées par les composants RF et les circuits en bande de base, la complexité et le coût du traitement de signal, les divers scénarios d'implémentation pratique, etc. Sans être exhaustif, nous aborderons dans cette section certaines de ces problématiques qui sont indispensables pour l'illustration de notre scénario RC multi-utilisateurs.

La contamination des séquences pilotes

Les utilisateurs appartenant à une même cellule utilisent généralement différentes séquences pilotes orthogonales. Cependant, du fait de leur nombre limité, dans un système multi-cellulaire par contre, il est possible qu'un utilisateur d'une cellule tiers utilise la même séquence pilote qu'un autre utilisateur d'une cellule adjacente, créant ainsi un phénomène de contamination des pilotes ("pilots contamination") [74, 75]. Ce phénomène est communément observé dans les transmissions UL multi-cellulaires.

Le canal estimé par la station de base est alors une combinaison du canal entre la station de base et l'utilisateur considéré, et entre la station de base et l'utilisateur de la cellule adjacente [67, 76]. Cette contamination des pilotes, propre aux systèmes multi-antennes et multi-cellulaires (MIMO conventionnel, massive MIMO) utilisant un estimateur de canal linéaire génère des perturbations aussi bien dans la démodulation des signaux UL que dans les performances du précodage DL, aboutissant ainsi à une réduction des capacités théoriques.

Plusieurs études sont menées afin d'atténuer l'impact de ce phénomène. Certaines solutions permettent de réduire les effets de ces perturbations à travers la coopération entre cellules, l'ingénierie radio (optimisation de l'allocation des séquences pilotes selon la localisation des cellules) ou encore les méthodes de précodage adaptées à la structure des cellules [76].

Le précodage linéaire (Beamforming) massive MIMO

La littérature décrit plusieurs méthodes de précodage à la station de base massive MIMO dont l'impact diffère en fonction de la technique utilisée [46, 67, 76]. Un précodage de type zero forcing (ZF) par exemple permet d'atteindre avec moins d'antennes, la même capacité qu'un précodage MRC. Toutefois, le ZF est plus difficile à implémenter à cause de la complexité algorithmique de l'inversion matricielle [77, 76, 71].

En outre, dans le cas d'une transmission DL, le précodage linéaire nécessite une connaissance a priori du canal de transmission. Cette information est généralement obtenue grâce à un "feedback" entre la station de base et les utilisateurs. Ce feedback implique dans un premier temps une estimation du canal DL $\mathbf{G}_{M \times N}$ par chacun des terminaux. Les terminaux retransmettent dans un second temps, cette estimation à la station de base pour la mise en forme du précodeur. Cette procédure s'avère très contraignante pour chaque utilisateur dans un système massive MIMO car $N \to \infty$. De ce fait, la plupart des études dans le massive MIMO proposent une implémentation en mode TDD [59, 67]. En effet, contrairement à une approche FDD, le mode TDD favorise l'utilisation de l'hypothèse de la réciprocité du canal afin d'obtenir le canal de transmission à l'émetteur sans aucun feedback. Tout de même, comme nous l'avons remarqué dans les précédents chapitres, cette hypothèse n'est en pratique pas applicable sans une phase préalable de calibration. Nous évaluerons dans les sections suivantes les contraintes liées à la réciprocité en massive MIMO tout en proposant des solutions adéquates. La section suivante abordera d'abord le scénario de transmission MU massive MIMO développé dans notre étude.

5.3 Scénario multi-utilisateurs : massive MIMO et radio cognitive

5.3.1 Scénario de transmission

Le scénario de transmission mutli-utilisateurs constitue une généralisation du modèle défini dans le Chapitre 2 (section 2.2). En d'autres termes, on considère le scénario radio cognitif illustré dans la figure 5.2 et composé de deux systèmes multi-utilisateurs qui partagent la même bande passante, l'un représentant le primaire et l'autre le secondaire. Ces 2 systèmes transmettent dans un canal multi-trajets en régime massive MIMO. Ils sont composés de K et de L utilisateurs respectivement au primaire et au secondaire avec M_p, $M_s \leq 2$ antennes pour chacun des utilisateurs qui partagent la même ressource temps / fréquence (système MU-MIMO). D'autre part, on suppose N_p et N_s antennes respectivement à la station de base primaire (notée P_{BS}) et secondaire (S_{BS}) en mode de transmission TDD avec une modulation OFDM.

En considérant une transmission point à point entre une station de base et des utilisateurs, le signal DL reçu par chacun des utilisateurs dans le domaine temporel $\mathbf{y}(t) \in \mathbb{C}^{M \times 1}$ est la convolution des lignes de la matrice de canal multi-trajets $\mathbf{C}(t, \tau) \in \mathbb{C}^{M \times N}$ et du vecteur transmis par les N antennes de la station de base $\mathbf{x}(t) \in \mathbb{C}^{N \times 1}$ telle que :

$$\mathbf{y}(t) = \begin{bmatrix} y_1(t) & \cdots & y_M(t) \end{bmatrix}^T = \mathbf{C}(t, \tau) * \mathbf{x}(t) + \mathbf{n}(t), \tag{5.8}$$

avec $\mathbf{n}(t) \in \mathbb{C}^{M \times 1}$ le bruit blanc additif Gaussien (BBAG) au récepteur (Rx).

La généralisation de la relation (2.12) à un système multi-cellulaire MU-MIMO avec des canaux interférents (voir figure 5.2) nous permet d'exprimer le degré de liberté spatial d comme suit [38] :

$$d = \min(KM_p + LM_s, N_s + N_p, \max(N_p, LM_s), \max(N_s, KM_p)). \tag{5.9}$$

Le degré de liberté étant lié à la capacité du canal par la relation $C(SNR) = d\log(SNR) + o(\log(SNR))$, l'introduction du massive MIMO dans un scénario radio cognitif laisse entrevoir des performances significatives. On pourra par exemple servir simultanément un plus grand nombre d'utilisateurs, augmenter la diversité spatiale et les capacités de transmission ($N \to \infty$), etc. Par ailleurs, en supposant que la station de base transmet au secondaire les flux des L utilisateurs simultanément, il en résulte $(M - K)$ degrés de liberté non exploités en DL [76]. Dans un

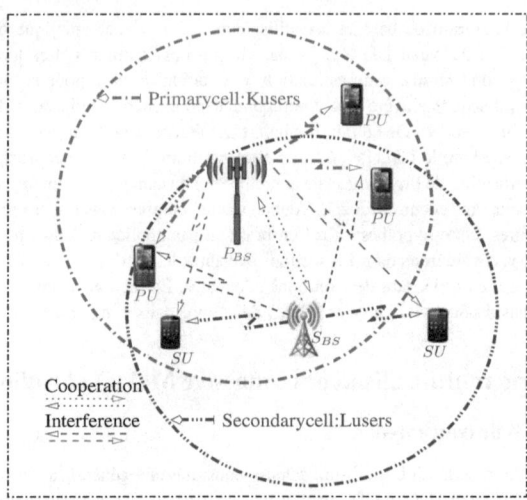

FIGURE 5.2 – *Schéma de transmission radio cognitif MU MIMO avec les utilisateurs PU / SU.*

contexte de transmission radio cognitive, cet excédent pourrait être utilisé afin d'annuler les interférences transmises en direction du système primaire. L'approche spatial interweave que nous proposons dans l'étude "radio cognitive-massive MIMO" sera discutée dans la section suivante.

5.3.2 Stratégie de transmission radio cognitive : spatial interweave (SIW)

Comme illustré auparavant, notre scénario radio cognitif spatial interweave (SIW) suggère d'annuler les interférences orientées vers les utilisateurs primaires tout en optimisant les transmissions secondaires, afin de permettre la cohabitation entre PU et SU. Ce scénario SIW RC est réalisé en utilisant des précodeurs (beamformers) primaires et secondaires $\mathbf{P}_p$ et $\mathbf{P}_s$.

Plus concrètement, en supposant initialement que les canaux UL et DL sont parfaitement estimés sur chaque sous-porteuse OFDM, dans le lien primaire, le précodeur $\mathbf{P}_p$ est mis en forme comme dans une transmission massive MIMO conventionnelle, i.e. à travers le canal DL primaire estimé $\hat{\mathbf{G}}_{pp}$. En outre, afin de favoriser l'annulation des interférences du secondaire, le second précodeur $\mathbf{P}_s$ est réalisé grâce à la connaissance a priori ($\hat{\mathbf{G}}_{sp}$) du canal interféré DL $\mathbf{G}_{sp}$. Ainsi, le signal secondaire de S_{BS} est projeté dans une base orthogonale de $\mathbf{G}_{sp}$ en utilisant la décomposition en valeur singulière SVD$\{\mathbf{G}_{sp}\} = \mathbf{UDV}^H$ telle que le signal venant de S_{BS} vers les utilisateurs primaires est automatiquement atténué. Le Kernel $\mathbf{W} \subseteq Ker\{\mathbf{G}_{sp}\}$ est généré à partir des éléments de la matrice unitaire $\mathbf{V}$ (en pratique on utilisera le $Ker\{\hat{\mathbf{G}}_{sp}\}$). Il en résulte les précodeurs $\mathbf{P}_p$ et $\mathbf{P}_s$, respectivement au primaire et au secondaire :

$$\mathbf{P}_p = \alpha_p \hat{\mathbf{G}}_{pp}^H, \ \alpha_p = \sqrt{\frac{\phi_p}{\text{tr}(\hat{\mathbf{G}}_{pp}^H \hat{\mathbf{G}}_{pp})}}$$

$$\mathbf{P}_s = \alpha_s \mathbf{G}_\mathbf{w}, \ \alpha_s = \sqrt{\frac{\phi_s}{\text{tr}(\mathbf{G}_\mathbf{w}^H \mathbf{G}_\mathbf{w})}}, \ \mathbf{G}_\mathbf{w} = (\mathbf{W}\mathbf{W}^H \hat{\mathbf{G}}_{ss}^H),$$

$$(5.10)$$

avec α_p et α_s les facteurs de normalisation des précodeurs. Partant de la relation (5.1) qui décrit le signal DL reçu dans un système multi-utilisateurs et multi-cellulaire, les signaux reçus par les utilisateurs primaires $\mathbf{y}_p$ et secondaires $\mathbf{y}_s$ dans le scénario RC s'expriment suivant la forme :

$$\mathbf{y}_p = \mathbf{G}_{pp}\mathbf{P}_p\mathbf{x}_p + \mathbf{G}_{sp}\mathbf{P}_s\mathbf{x}_s + \mathbf{n}_p,$$
$$= \underbrace{\alpha_p \mathbf{G}_{pp}\hat{\mathbf{G}}_{pp}^H \mathbf{x}_p}_{\text{MM Prec}} + \underbrace{\alpha_s \mathbf{G}_{sp}(\mathbf{W}\mathbf{W}^H \hat{\mathbf{G}}_{ss}^H)\mathbf{x}_s}_{\text{SIW Prec}\Rightarrow 0} + \mathbf{n}_p$$

$$(5.11)$$

$$\mathbf{y}_s = \mathbf{G}_{ss}\mathbf{P}_s\mathbf{x}_s + \mathbf{G}_{ps}\mathbf{P}_p\mathbf{x}_p + \mathbf{n}_s,$$
$$= \underbrace{\alpha_s \mathbf{G}_{ss}(\mathbf{W}\mathbf{W}^H \hat{\mathbf{G}}_{ss}^H)\mathbf{x}_s}_{\text{MM Prec}} + \underbrace{\alpha_p \mathbf{G}_{ps}\hat{\mathbf{G}}_{pp}^H}_{\text{PU Int}\Rightarrow\text{MM Int}} \mathbf{x}_p + \mathbf{n}_s.$$

L'avantage dans cette approche RC est qu'elle permet ainsi de combiner les propriétés du précodage massive MIMO ("*MM Prec*") et du précodage spatial interweave ("*SIW Prec*") dans le système primaire, en optimisant simultanément les transmissions secondaires avec du précodage linéaire massive MIMO.

On observe dans la relation (5.11) que la conception des précodeurs dépend essentiellement des informations sur les canaux DL primaires et secondaires. De ce fait, la réciprocité du canal de transmission en TDD est une hypothèse fondamentale étant donné que l'estimation et la re-transmission (feedback) des canaux DL est fastidieuse en massive MIMO. Le principe est donc le même que précédemment et consiste à estimer les canaux UL (PU $\mathbf{H}_{pp}$, SU $\mathbf{H}_{ss}$ et PU→SU $\mathbf{H}_{ps}$) à la station de base en utilisant les séquences pilotes afin à déterminer les canaux DL grâce à la réciprocité du canal électromagnétique en TDD. Par ailleurs, les perturbations générées par les circuits RF et les effets de couplage demeurent et seront évaluées dans les sections suivantes.

En uplink, nous supposons des transmissions multi-cellulaires massive MIMO convention-nelles [77, 71]. En d'autres termes, pendant le temps de cohérence du canal, les stations de base PU et SU estiment les canaux UL et appliquent des filtres de détection (e.g., MF) basés sur les canaux de transmission UL estimés pendant la réception des signaux utilisateurs. L'estimation du canal UL s'effectuera grâce à des méthodes largement évaluées (e.g., MMSE : minimum mean squared error estimator, LS : Least Squares [55]) en transmettant dans les symboles UL OFDM de façon périodique des séquences pilotes connues à la station de base. On supposera également que la station de base secondaire a une connaissance préalable de la structure des séquences pilotes primaires (i.e., signalisation, coopération) afin d'éviter toutes contaminations de pilotes entre les cellules PU / SU.

5.3.3 Capacité du canal massive MIMO : cas idéal

Afin d'évaluer la capacité du canal dans une situation de transmission idéale en downlink, on suppose une condition de propagation favorable, une connaissance des canaux $\mathbf{G}_{ss}$ et $\mathbf{G}_{pp}$ à la réception (CSIR), et des matrices de canal complexes et Gaussiennes dont les éléments sont i.i.d. La capacité ergodique du canal downlink dans la cellule primaire C_p s'exprime dans le domaine fréquentiel tel que :

$$C_p = \mathbb{E}\left[\log_2\{\det(\mathbf{I}_{M_p} + \mathbf{R}_{sp}^{-1}\mathbf{G}_{pp}\mathbf{\Phi}_p\mathbf{G}_{pp}^H)\}\right],$$
$$\text{s.t. tr}(\mathbf{\Phi}_p) \leq \phi_p. \tag{5.12}$$

$\mathbf{\Phi}_p = \mathbb{E}[\mathbf{x}_p\mathbf{x}_p^H]$ représente la matrice d'allocation de puissance à la station de base primaire P_{BS}, ϕ_p et ϕ_s les contraintes de puissance et $\mathbf{x}_p \in \mathbb{C}^{N_p \times 1}$, $\mathbf{x}_s \in \mathbb{C}^{N_s \times 1}$ les vecteurs transmis respectivement aux stations de base P_{BS} et S_{BS}. $\mathbf{R}_{sp} = (\mathbf{G}_{sp}\mathbf{P}_s\mathbf{x}_s)(\mathbf{G}_{sp}\mathbf{P}_s\mathbf{x}_s)^H + \sigma_n^2\mathbf{I}_{M_p}$ illustre la matrice des interférences et du bruit de la station de base secondaire S_{BS} vers les utilisateurs primaires PU, avec $\mathbf{G}_{pp} = [\mathbf{G}_{p1}, ..., \mathbf{G}_{pK}]$, $\mathbf{G}_{p1} \in \mathbb{C}^{M_p \times N_p}$ la matrice du canal DL primaire et $\mathbf{G}_{sp}$ la matrice du canal DL du secondaire vers le primaire. Comme précédemment, le problème de la transmission radio cognitive est reformulé sous la forme d'une optimisation sous contraintes :

$$\max_{\mathbf{P}_s, \mathbf{P}_p} \quad C_s = \log_2\{\det(\mathbf{I}_{M_s} + \mathbf{R}_{ps}^{-1}\mathbf{G}_{ss}(\mathbf{P}_s\mathbf{\Phi}_s\mathbf{P}_s^H)\mathbf{G}_{ss}^H\},$$
$$\text{s.t. } \mathbf{G}_{sp}\mathbf{P}_s\mathbf{x}_s = \mathbf{0}, \text{tr}(\mathbf{P}_s\mathbf{\Phi}_s\mathbf{P}_s^H) \leq \phi_s, \tag{5.13}$$

Avec $\mathbf{R}_{ps}$ la matrice de covariance des interférences plus du bruit de P_{BS} à SU. Comme mentionné dans l'équation 2.14 de la section 2.3.1, cette formulation correspond au principe de la radio cognitive spatial interweave dans laquelle, en utilisant le précodeur $\mathbf{P}_s$, les signaux secondaires sont transmis dans les espaces (directions) libres où aucune transmission primaire n'est détectée.

5.3.4 Capacité du canal massive MIMO : cas pratique

Dans une transmission MIMO conventionnelle, le canal DL est utilisé à la réception pour la détection cohérente des signaux DL. Cependant, comme nous l'avons mentionné précédemment, dans les systèmes massive MIMO, le grand nombre des antennes à la station de base, les contraintes imposées par le temps de cohérence du canal et la limite du nombre de pilotes orthogonaux rendent l'estimation du canal en DL fastidieuse pour un temps de cohérence fixe. Cette contrainte est contournée en exploitant la distribution du canal au lieu du canal instantané pour la détection des signaux DL [78, 79]. En d'autre termes, à partir du signal reçu par les L utilisateurs secondaires $\mathbf{y}_s = \mathbf{G}_{ss}\mathbf{P}_s\mathbf{x}_s + \mathbf{G}_{sp}\mathbf{P}_p\mathbf{x}_p + \mathbf{n}_s$, en supposant une antenne pour chaque utilisateur ($M_s = 1$), on déduit le signal reçu par un utilisateur l tel que :

$$y_{sl} = \mathbf{g}_{ss}\mathbf{P}_s\mathbf{x}_s + \mathbf{g}_{sp}\mathbf{P}_p\mathbf{x}_p + n_{sl},$$
$$= \mathbf{g}_{ss}\mathbf{p}_{sl}s_l + \sum_{j=1,j\neq l}^{L} \mathbf{g}_{ss}\mathbf{p}_{sj}s_j + \sum_{k=1}^{K} \mathbf{g}_{sp}\mathbf{p}_{pk}s_p + n_{sl},$$
$$= \mathbb{E}[\mathbf{g}_{ss}\mathbf{p}_{sl}]s_l + \mathbf{g}_{ss}\mathbf{p}_{sl}s_l - \mathbb{E}[\mathbf{g}_{ss}\mathbf{p}_{sl}]s_l + \sum_{j=1,j\neq l}^{L} \mathbf{g}_{ss}\mathbf{p}_{sj}s_j + \sum_{k=1}^{K} \mathbf{g}_{sp}\mathbf{p}_{pk}s_p + n_{sl},$$

avec $\mathbf{g}_{ss} \in \mathbb{C}^{1 \times N_s}$ la l^{eme} ligne de $\mathbf{G}_{ss}$ correspondant au canal entre la station de base et l'utilisateur l et n_{sl} le l^{eme} élément du vecteur $\mathbf{n}_s$ représentant le bruit blanc au récepteur l. On écrit ensuite y_{sl} sous la forme :

$$y_{sl} = \mathbb{E}[\mathbf{g}_{ss}\mathbf{p}_{sl}]s_l + n'_s, \tag{5.14}$$

$$n'_{sl} = \underbrace{\mathbf{g}_{ss}\mathbf{p}_{sl}s_l - \mathbb{E}[\mathbf{g}_{ss}\mathbf{p}_{sl}]s_l}_{\text{Interférences additionnelles}} + \underbrace{\sum_{j=1,j\neq l}^{L} \mathbf{g}_{ss}\mathbf{p}_{sj}s_j + \sum_{k=1}^{K} \mathbf{g}_{sp}\mathbf{p}_{pk}s_p + n_{sl}}_{\text{Interférences entre utilisateurs}}, \tag{5.15}$$

Ainsi au lieu d'estimer tous les coefficients du canal DL instantané $\mathbf{G}_{ss}$, les utilisateurs déterminent la moyenne $\mathbb{E}[\mathbf{g}_{ss}\mathbf{p}_{sl}]s_l$ qui est une procédure bien plus triviale. En utilisant cette approche et en supposant les symboles contenant l'information de chacun des utilisateurs aléatoires et suivant une distribution Gaussienne ($s \sim \mathcal{CN}\{0,1\}$), il est possible d'exprimer la borne inférieure de la capacité du canal DL de l'utilisateur l telle que (*voir annexe B.4*) [78, 79] :

$$C_l \geq \log_2(1 + \text{SINR}), \tag{5.16}$$

$$\text{SINR} = \frac{\text{var}(\mathbb{E}[\mathbf{g}_{ss}\mathbf{p}_{sl}]s_l)}{\text{var}[n'_s]}$$

on obtient ensuite :

$$\text{SINR} = \frac{\text{var}(\mathbb{E}[\mathbf{g}_{ss}\mathbf{p}_{sl}]s_l)}{\text{var}[\mathbf{g}_{ss}\mathbf{p}_{sl}s_l - \mathbb{E}[\mathbf{g}_{ss}\mathbf{p}_{sl}]s_l + \sum_{j=1,j\neq l}^{L}\mathbf{g}_{ss}\mathbf{p}_{sj}s_j + \sum_{k=1}^{K}\mathbf{g}_{sp}\mathbf{p}_{pk}s_p + n_s]}$$

$$= \frac{|\mathbb{E}[\mathbf{g}_{ss}\mathbf{p}_{sl}]|^2}{\sigma^2 + \text{var}[\mathbf{g}_{ss}\mathbf{p}_{sl}] + \sum_{j=1,j\neq l}^{L}\mathbb{E}[|\mathbf{g}_{ss}\mathbf{p}_{sj}|^2] + \sum_{k=1}^{K}\mathbb{E}[|\mathbf{g}_{sp}\mathbf{p}_{pk}|^2]},$$

avec σ^2 la variance du AWGN n_{sl}. La capacité totale du canal DL au secondaire Cs est ensuite obtenue en cumulant la capacité des utilisateurs :

$$Cs = \sum_{l=1}^{L} C_l. \tag{5.17}$$

Cette formulation donne un aperçu de la capacité qu'il est possible d'atteindre en réduisant le coût d'une estimation du canal classique.

Dans la section suivante nous aborderons l'impact des circuits RF en massive MIMO et les solutions développées dans notre étude.

5.4 Antennes massive MIMO : structure et effets de couplage

5.4.1 Antennes massive MIMO

La littérature met en exergue plusieurs configurations des antennes massive MIMO illustrées dans les figures 5.3 et 5.4 [76, 80].

La figure 5.3 décrit une architecture dans laquelle les éléments du réseau d'antennes sont à proximité les uns des autres (quelques centimètres) et sont disposés suivant une structure linéaire, cylindrique et rectangulaire. La figure 5.4 illustre une autre configuration dans laquelle les antennes sont distribuées sur plusieurs positions distantes.

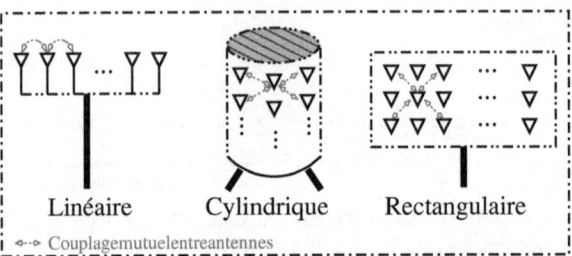

FIGURE 5.3 – *Illustration des antennes massive MIMO : configuration linéaire, cylindrique et rectangulaire.*

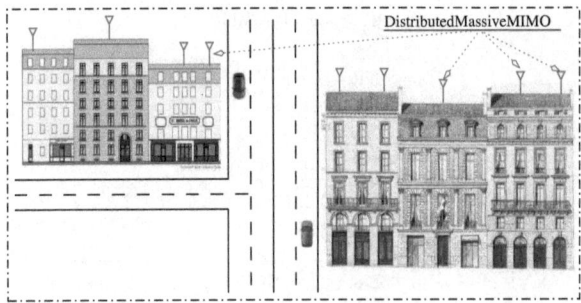

FIGURE 5.4 – *Configuration des antennes massive MIMO : structure distribuée dans la cellule.*

Dans tous les cas de figure, le processus de traitement en bande de base pour les antennes appartenant à une même station de base reste centralisé. Cette diversité en terme d'architecture offre logiquement des performances diverses i.e., diversité spatiale, capacité du beamforming, puissances de transmission, etc. On remarque en outre que cette variation de configuration génère des différences dans la structure des filtres RF et des effets de couplage entre les antennes (voir la section 3.2.3 du Chapitre 3). Dans la figure 5.3, la proximité des antennes disposées de façon linéaire, cylindrique ou rectangulaire génère des effets de couplage mutuel exprimés par la matrice $\mathbf{Cp}$ dans relation 3.10. Dans la figure 5.4 par contre, étant donné la séparation entre les antennes, on pourra supposer des effets de couplage nuls et donc une matrice $\mathbf{Cp} = \mathbf{I}_N$. Cette observation est illustrée dans la section suivante, qui traite des détails relatifs aux circuits RF et au couplage mutuel en massive MIMO.

5.4.2 Circuits RF et effets de couplage

Dans la section 3.2.3, nous avons montré grâce à la modélisation des circuits RF que la géométrie des antennes conditionne les coefficients des matrices de couplage et plus généralement les matrices des circuits RF à l'utilisateur et à la station de base. De plus, l'observation du système de transmission multi-utilisateurs de la figure 5.5 nous permet de constater le couplage mutuel dans les circuits TDD RF. Il en résulte les matrices RF $\mathbf{T}_{BS}$ et $\mathbf{R}_{BS}$ à la station de base (voir

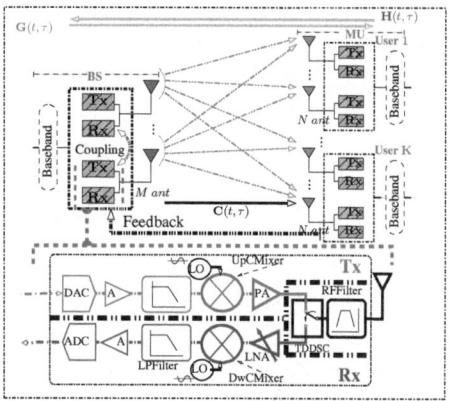

FIGURE 5.5 – *Représentation des circuits RF dans un système multi-utilisateurs.*

relation 3.12) :

$$\mathbf{T}_{BS} = \mathbf{C}_{\mathbf{p}_{bs}}\mathbf{D}_{\mathbf{T}bs} \quad ; \quad \mathbf{R}_{BS} = \mathbf{D}_{\mathbf{R}bs}\mathbf{C}_{\mathbf{p}_{bs}}, \tag{5.18}$$

avec $\mathbf{D}_{T/R}$ la matrice diagonale contenant les coefficients des filtres RF et $\mathbf{Cp}$ une matrice représentant les effets de couplage qu'on supposera identique en transmission et en réception.

Contrairement à une station de base MIMO conventionnelle, on remarque que dans le cas d'une station de base massive MIMO, les contraintes imposées par les dimensions du réseau d'antennes peuvent conduire à une réduction de la séparation (d_h) entre les antennes. Cette séparation entre antennes (qui est de l'ordre de $\lambda/2$ en MIMO) engendre des effets de couplage (sauf dans le cas ou les antennes sont distribuées) et ces effets de couplage conduisent à des matrices RF non diagonales comme illustré dans le tableau 5.1 [48].

d_h	Impédances mutuelles $\mathbf{Z}$			Matrices de couplage théorique $\mathbf{Cp}$		
$\frac{\lambda}{2}$	$73.1 + i42.5$	$-12.5 - i29.9$	$4.0 + i17.7$	$1.0 + i0.0$	$0.1 + i0.2$	$-0.1 - i0.1$
	$-12.5 - i29.9$	$73.1 + i42.5$	$-12.5 - i29.9$	$0.1 + i0.2$	$0.9 + i0.1$	$0.1 + i0.2$
	$4.0 + i17.7$	$-12.5 - i29.9$	$73.1 + i42.5$	$-0.1 - i0.1$	$0.1 + i0.2$	$1.0 + i0.0$
$\frac{\lambda}{10}$	$73.1 + i42.5$	$67.3 + i7.5$	$51.4 - i19.2$	$1.2 - i0.0$	$-0.5 - i0.2$	$-0.2 + i0.3$
	$67.3 + i7.5$	$73.1 + i42.5$	$67.3 + i7.5$	$-0.5 - i0.2$	$1.4 + i0.2$	$-0.5 - i0.2$
	$51.4 - i19.2$	$67.3 + i7.5$	$73.1 + i42.5$	$-0.2 + i0.3$	$-0.5 - i0.2$	$1.2 - i0.0$
$\frac{\lambda}{20}$	$73.1 + i42.5$	$71.7 + i24.3$	$67.3 + i7.5$	$1.4 + i0.2$	$-0.4 - i0.3$	$-0.5 + i0.0$
	$71.7 + i24.3$	$73.1 + i42.5$	$71.7 + i24.3$	$-0.4 - i0.3$	$1.3 + i0.4$	$-0.4 - i0.3$
	$67.3 + i7.5$	$71.7 + i24.3$	$73.13 + i42.5$	$-0.5 + i0.1$	$-0.4 - i0.3$	$1.4 + i0.2$

TABLE 5.1 – Impédances mutuelles et couplage de 3 antennes de dimension $\lambda/2$ disposées uniformément de façon linéaire avec une séparation entre antennes de $\lambda/2$ à $\lambda/20$.

On note également dans le tableau 5.1 que les valeurs des coefficients des matrices d'impédance et de couplage augmentent logiquement du fait de la proximité entre antennes.

On observe par contre, un couplage nul entre les circuits RF des utilisateurs puisqu'ils sont considérés suffisamment éloignés les uns des autres ($\geq$ 1 m). Partant de cette observation, la matrice des circuits RF de l'ensemble des utilisateurs aura une structure bloc-diagonale (ou diagonale par bloc) $\mathbf{Q}_{MU} \in \mathbb{C}^{KM \times KM}$ suivant la forme :

$$
\mathbf{T}_{MU} = \begin{bmatrix} \mathbf{T}_{MU_1} & 0 & \cdots & 0 \\ 0 & \mathbf{T}_{MU_2} & \ddots & \vdots \\ \vdots & \ddots & \ddots & 0 \\ 0 & \cdots & 0 & \mathbf{T}_{MU_K} \end{bmatrix},
\tag{5.19}
$$

$$
\mathbf{T}_{MU_k} = \mathbf{C}_{\mathbf{p}_{muk}} \mathbf{D}_{\mathbf{T}_{muk}}
$$
$$
\mathbf{R}_{MU_k} = \mathbf{D}_{\mathbf{R}_{muk}} \mathbf{C}_{\mathbf{p}_{muk}},
$$

où $\mathbf{T}_{MU_k} \in \mathbb{C}^{M \times M}$ représente la matrice carrée Tx RF de l'utilisateur k. Ainsi, le grand nombre d'antennes à la station de base massive MIMO altère l'hypothèse de la réciprocité du canal de transmission TDD et rend la calibration nécessaire afin de compenser les perturbations des filtres RF.

5.5 Calibration de la réciprocité : cas du massive MIMO

5.5.1 État de l'art

La nécessité de calibrer le système massive MIMO-TDD se confirme dans la littérature [76, 81, 59]. Dans [81], les auteurs proposent une méthode de calibration dans la réalisation pratique d'une station de base massive MIMO dénommée "Argos". Cette calibration massive MIMO s'inspire de la méthode "$M \times N$-SISO" illustrée dans la section 3.4.1. En effet, avec une antenne par utilisateur ($M = 1$), pour chaque lien i, k dans le canal MU-MIMO, les auteurs considèrent un scalaire $P_{i,k}$ représentant le paramètre de calibration. Ainsi, pour le canal DL SISO $G_{i,k}$, le correspondant UL $H_{i,k}$ est défini suivant la forme :

$$
G_{i,k} = P_{i,k} H_{i,k}.
\tag{5.20}
$$

Cependant, à la différence de la calibration "$M \times N$-SISO", les auteurs suggèrent de déterminer le facteur $P_{i,k}$ sans aucune procédure de feed-back en utilisant la relation :

$$
\frac{P_{i,k}}{P_{i,n}} = P_{n,k},
\tag{5.21}
$$

où $P_{i,n}$ est le coefficient de calibration entre la i^{eme} et la n^{eme} antenne de la station de base et $P_{i,k}$ le facteur de calibration entre la i^{eme} antenne de la station de base et l'utilisateur k. On peut ainsi écrire à partir de la relation (5.20) : $G_{n,k} = P_{n,k} H_{n,k}$. Certaines hypothèses fondamentales permettent toutefois d'éviter le feed-back pendant la calibration. En effet, les auteurs dans [81] supposent que l'estimation de la valeur du canal DL $G_{i,k}$ avec un facteur multiplicatif ne dégrade pas les performances du précodage linéaire. Ensuite, si les antennes de la station de base subissent exactement les mêmes décalages en phase ("phase offset"), il n'apparaît aucune dégradation significative sur les performances du précodage. Partant de là, on détermine une antenne de référence (e.g., i) et on fixe $P_{1,k} = 1$ le facteur entre l'antenne de référence $i = 1$ de la station de base et l'utilisateur k, aboutissant à la relation :

$$G'_{n,k} = \frac{1}{P_{1,n}} H_{n,k}. \tag{5.22}$$

Dans cette approche, la détermination de la valeur exacte de $G_{n,k}$ n'est donc pas une nécessité. De plus, seule l'estimation du canal UL $\hat{H}_{n,k}$ entre toutes les antennes de la BS et les K utilisateurs est requise. Cette méthode de calibration est ensuite généralisée dans [82], où les auteurs proposent une technique similaire dans un système massive MIMO avec des antennes distribuées. On remarque par contre que cette technique de calibration suppose une procédure interne à la station de base permettant de déterminer individuellement les valeurs de $P_{1,n}$ entre toutes les antennes. Cette calibration interne à la station de base doit être clairement étudiée car elle nécessite des modifications dans les trames usuelles de l'architecture TDD (e.g., transmissions et réceptions simultanées par les antennes de la station de base). En effet, comme illustré dans la section 2.3.2, dans un duplex TDD conventionnel, un intervalle de temps est réservé pour la transmission UL (MU→BS) et un autre pour la transmission DL (BS→MU). De plus, dans le cas où toutes les antennes de la station de base ne sont pas individuellement distribuées à travers la cellule, les interférences dans la détermination du facteur de calibration interne et les effets de couplage entre les antennes de la station de base ne sont pas considérées. Cette approche de la calibration présente donc certaines limites et s'adapte mieux au cas massive MIMO distribué (pas d'effets de couplage entre antennes).

Dans la section suivante, nous décrirons notre vision de la calibration massive MIMO basée sur les résultats des chapitres précédents.

5.5.2 Calibration relative massive MIMO

Principe

Du fait des effets de couplage, nous supposerons des matrices de calibration non diagonales tout au long de notre étude. Notre objectif est d'accomplir une calibration relative, i.e., sans aucune modification matérielle en nous focalisant sur la structure des signaux transmis (voir Chapitre 3). Dans cette optique, nous évaluerons les approches de la calibration relative dans le domaine fréquentiel similaires à celles développées dans la section 3.4.

Néanmoins, l'implémentation des méthodes conventionnelles de calibration relative MIMO dans le massive MIMO rencontre certaines contraintes liées au grand nombre d'antennes et par conséquent à la quantité d'information à échanger. D'autre part, on remarque que la distance entre les utilisateurs implique des matrices RF $\mathbf{Q}_{MU}$ diagonales (une seule antenne). Ainsi, dans le but de réduire la complexité des traitements dans la détermination des paramètres de calibration, nous proposons une méthode de calibration individuelle entre chacun des utilisateurs et la station de base dénommée calibration "par-utilisateur" ("per-user") [59]. De ce fait, chaque calibration individuelle s'apparentera à une calibration conventionnelle MIMO. En utilisant la formulation dans le domaine fréquentiel exprimée dans les relations (3.29) et (3.30), on rappelle que la calibration relative consiste à trouver les matrices RF minimisant la distance Euclidienne suivante :

$$\min_{\{\mathbf{Q}_{MU}, \mathbf{Q}_{BS}\}} ||vec(\mathbf{Q}_{MU}^{-1}(\nu)\mathbf{G}(t,\nu)) - vec(\mathbf{H}^T(t,\nu)\mathbf{Q}_{BS}(\nu))||^2, \tag{5.23}$$

$\mathbf{Q}$ désigne la matrice de calibration. En outre, nous avons observé que cette relation peut être réécrite sous la forme TLS :

$$\min_{\{\mathbf{q}_{MB},\boldsymbol{\Delta}\mathbf{Z_T}\}} ||\boldsymbol{\Delta}\mathbf{Z_T}||_F$$
$$\text{s.t } (\hat{\mathbf{Z}}_\mathbf{T} + \boldsymbol{\Delta}\mathbf{Z_T})\mathbf{q}_{MB}(\nu) = \mathbf{0}_{(T.M.N) \times 1}, \tag{5.24}$$

$$\begin{aligned}
\hat{\mathbf{Z}}_\mathbf{T} &= \begin{bmatrix} \hat{\mathbf{Z}}(1,\nu) & \cdots & \hat{\mathbf{Z}}(T,\nu) \end{bmatrix}^T \\
\hat{\mathbf{Z}} &= \begin{bmatrix} (\hat{\mathbf{G}}^T(t,\nu) \otimes \mathbf{I}_N)) & -(\mathbf{I}_M \otimes \hat{\mathbf{H}}^T(t,\nu)) \end{bmatrix} \\
\mathbf{q}_{MB}(\nu) &= \begin{bmatrix} vec(\mathbf{Q}_{MU}^{-1}(\nu)) \\ vec(\mathbf{Q}_{BS}(\nu)) \end{bmatrix}
\end{aligned}$$

avec : $\hat{\mathbf{H}}$, $\hat{\mathbf{G}}$ les canaux UL/DL estimés par utilisateur $\boldsymbol{\Delta}\mathbf{A_T}$ la matrice de compensation des erreurs d'estimation des canaux UL/DL et $\hat{\mathbf{q}}_{MB}(\nu)$ la solution TLS contenant les paramètres RF. Ce système TLS est également sur-dimensionné grâce à T versions des canaux UL/DL estimées dans le temps. Un bref "feed-back" est donc nécessaire dans le but de retransmettre l'ensemble des T DL CSI $(\mathbf{G}(t,\nu)_{KM \times N})$ des utilisateurs vers la station de base. Cette vision de la calibration engendre certaines remarques qu'il est important de spécifier à ce stade de notre étude :

– *Le canal DL est nécessaire à la station de base pour réaliser la calibration relative, cependant le grand nombre d'antennes à la station de base massive MIMO limite l'estimation DL par les utilisateurs.*

– *La matrice RF à la station de base $\mathbf{Q}_{bs}$ reste constante vis a vis de chaque utilisateur pendant toute la procédure de calibration.*

– *L'absence de coopération entre primaire et secondaire dans le scénario RC rend impossible la détermination des facteurs de calibration des utilisateurs primaires par la station de base secondaire.*

Toutes ces observations conduisent à adapter le processus de calibration en massive MIMO afin d'en réduire la complexité et la quantité d'information à traiter.

Approche pratique

À partir des remarques précédentes, nous avons défini une procédure de calibration prenant en compte les contraintes liées au massive MIMO et à l'effet de couplage.

Dans une trame TDD / OFDM avec des intervalles de temps (time-slot : TS) dédiés aux transmissions UL et d'autres aux transmissions DL, on observe que pour estimer le canal DL, le nombre de TS requis N_{TS} est équivalent à :

$$N_{TS} = \frac{N}{N_{coh}}, \tag{5.25}$$

où N représente le nombre d'antennes à la station de base et N_{coh} le nombre de sous-porteuses sur lesquelles le canal est constant. Ainsi, plus N augmente et plus il sera difficile d'estimer le canal correspondant aux N antennes pour un temps de cohérence fixe. Dans le but de pallier cet inconvénient, nous proposons une étape uniquement dédiée à la calibration. En effet, les facteurs de calibration dépendent des circuits RF et varient lentement même quand le canal varie fortement. La calibration relative peut donc être effectuée à des intervalles de temps assez long (quelques minutes), d'autant plus qu'en pratique le nombre d'antennes reste de l'ordre d'une centaine. Ainsi, dans cette phase uniquement réservée à la calibration, on pourra concevoir une trame spéciale dans laquelle les time-slots ne seront constitués que de pilotes orthogonaux afin de permettre l'estimation du canal DL au niveau des utilisateurs.

Nous avons par ailleurs observé que le facteur de calibration des antennes à la station de base reste constant dans chacune des calibrations individuelles "par utilisateur" et le facteur de calibration $\mathbf{Q}_{bs}$ reste identique peu importe le lien considéré. Il est ainsi possible de simplifier la détermination de la matrice de calibration $\mathbf{Q}_{bs}$ à la station de base en ne considérant qu'une seule antenne de référence d'un quelconque utilisateur (voir figure 5.6). Le canal MISO $\mathbf{g}_{ss}$ ainsi

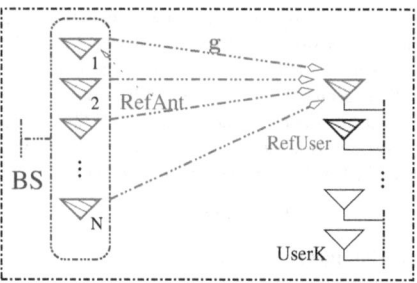

FIGURE 5.6 – *Calibration de la station de base avec l'antenne de l'utilisateur de référence.*

obtenu s'écrit sous la forme :

$$
\begin{aligned}
\mathbf{g}_{ss} &= Q_{mu}\mathbf{h}_{ss}^{T}\mathbf{Q}_{S_{Bs}}, \\
\mathbf{g}_{ss} &= \mathbf{h}_{ss}^{T}\mathbf{Q}_{S_{bs}}Q_{mu} \\
&= \mathbf{h}_{ss}^{T}\mathbf{Q}_{S_{bm}},
\end{aligned} \tag{5.26}
$$

avec Q_{mu} une constante représentant le facteur de calibration issu de l'antenne de référence de l'utilisateur et $\mathbf{Q}_{S_{bm}}$ la matrice RF de la station de base avec le coefficient multiplicatif Q_{mu}. Cette formulation nous permet de réécrire le problème sous la forme TLS suivante :

$$
\begin{aligned}
\hat{\mathbf{Q}}_{S_{bm}} &= \underset{\{\mathbf{Q},\alpha_{\mathbf{G}},\alpha_{\mathbf{H}}\}}{\arg\min} \left(\| [\alpha_{\mathbf{G}} \; \alpha_{\mathbf{H}}] \|_{F} \right) \\
\text{s.t} \, (\hat{\mathbf{G}} + \alpha_{\mathbf{G}}) &= (\hat{\mathbf{H}} + \alpha_{\mathbf{H}})\mathbf{Q}_{S_{bm}}.
\end{aligned} \tag{5.27}
$$

$\hat{\mathbf{G}}$ et $\hat{\mathbf{H}}$ représentent des matrices surdéterminées en utilisant les canaux estimés DL et UL, et $\alpha_{\mathbf{G}}$, $\alpha_{\mathbf{H}}$ les compensations des erreurs d'estimation. Avec cette approche, la procédure de calibration est simplifiée puisqu'il suffit de sélectionner un utilisateur de référence et ensuite d'effectuer la calibration afin de déterminer les paramètres RF.

Les évaluations des Chapitres (2, 3) nous montrent qu'il est possible de mettre en forme le précodeur spatial interweave en utilisant uniquement le paramètre de calibration à la station de base secondaire. Cette méthode réduit la complexité du précodage puisqu'elle évite à l'ensemble des utilisateurs d'estimer les $M \times N$ canaux DL et de retransmettre cette masse de donnée à la station de base. Nous évaluerons cette dernière approche dans la section suivante dans un contexte massive MIMO.

5.6 Adaptation de la stratégie de transmission spatial interweave

On observe dans la relation (5.10) que la détermination de $\mathbf{W} \subseteq Ker\{\mathbf{G}_{sp}\}$ fait intervenir le canal interférent entre les utilisateurs primaires et la station de base secondaire. Comme nous l'avons montré précédemment, ce canal s'exprime suivant la forme :

$$\mathbf{G}_{sp} = \mathbf{Q}_{P_{mu}} \mathbf{H}_{ps}^T \mathbf{Q}_{S_{bs}}.$$

En outre, en utilisant les pilotes orthogonaux (supposés connus) diffusés par les utilisateurs primaires, la station de base secondaire détermine $\hat{\mathbf{H}}_{ps}$, la valeur estimée de la matrice du canal interférent UL. Ensuite, du fait de l'absence de coopération entre primaires et secondaires, la phase de calibration du lien secondaire avec un seul utilisateur de référence permet à la station de base secondaire d'estimer les coefficients de la matrice RF $\mathbf{Q}_{S_{bs}}$ (mais pas ceux de la matrice $\mathbf{Q}_{P_{mu}}$). Toutefois, grâce aux observations du Chapitre 3 (i.e., section 3.6.3, relation (3.61)), nous proposons de réécrire le précodeur $\mathbf{P}_s$ avec une matrice $\mathbf{W}$ définie telle que :

$$\mathbf{W} \subseteq Ker\{\hat{\mathbf{H}}_{ps}^T \mathbf{Q}_{S_{bs}}\}.$$

Ce qui conduit à réécrire l'équation (5.11) telle que :

$$
\begin{aligned}
\mathbf{y}_s &= \alpha_s \underbrace{(\mathbf{Q}_{S_{mu}} \mathbf{H}_{ss}^T \mathbf{Q}_{S_{bs}})}_{\mathbf{G}_{ss}^T}(\mathbf{W}\mathbf{W}^H(\hat{\mathbf{H}}_{ss}^T \mathbf{Q}_{S_{bs}})^H)\mathbf{x}_s + \alpha_p \underbrace{(\mathbf{Q}_{S_{mu}} \mathbf{H}_{ps}^T \mathbf{Q}_{P_{bs}})}_{\mathbf{G}_{ps}^T}\mathbf{P}_p\mathbf{x}_p + \mathbf{n}_s, \\
\mathbf{y}_p &= (\mathbf{G}_{pp}^T \mathbf{P}_p)\mathbf{x}_p + \alpha_s \underbrace{(\mathbf{Q}_{p_{mu}} \mathbf{H}_{sp}^T \mathbf{Q}_{S_{bs}})}_{\mathbf{G}_{sp}^T}(\mathbf{W}\mathbf{W}^H(\hat{\mathbf{H}}_{ss}^T \mathbf{Q}_{S_{bs}})^H)\mathbf{x}_s + \mathbf{n}_p.
\end{aligned}
$$

$$(5.28)$$

Cette solution permet de s'affranchir des contraintes liées à la détermination du canal DL interférent, mais elle laisse entrevoir un impact différent sur le précodage massive MIMO. Nous discuterons les performances de cette approche et plus généralement du scénario proposé dans la section suivante.

5.7 Évaluation du scénario : résultats et observations

Dans cette section, nous évaluerons les performances du scénario RC dans un cas idéal avec des conditions de propagation favorables. En d'autres termes, nous supposerons le canal de transmission connu aux récepteurs (CSIR), les éléments des canaux UL/DL sont supposés i.i.d complexes et suivent une distribution Gaussienne. On considère également des erreurs d'estimation identiques dans les systèmes primaires et secondaires (CSIR imparfait) $\mathbf{n}_e \sim \mathcal{CN}\{0, \sigma_e^2 \mathbf{I}\}$.

Partant de la relation (5.12), en tenant compte des interférences secondaires, la capacité ergodique en DL au primaire (C_p) s'exprime suivant la forme :

$$C_p = \mathbb{E}\left[\log_2\{\det(\mathbf{I}_{N_p} + \mathbf{R}_{sp}^{-1}\hat{\mathbf{G}}_{pp}(\mathbf{P}_p\mathbf{\Phi}_p\mathbf{P}_p^H)\hat{\mathbf{G}}_{pp}^H)\}\right],$$

$\mathbf{R}_{sp} = (\mathbf{G}_{sp}\mathbf{x}_s)(\mathbf{G}_{sp}\mathbf{x}_s)^H + (\sigma_n^2 + \sigma_e^2)\mathbf{I}_{N_p}$, avec σ_n^2 la variance du BBAG au récepteur. On considère également une allocation de puissance uniforme à la transmission ($\mathbf{\Phi}_p = \frac{1}{N_p}\mathbf{I}_{N_p}$) et $M = 1$ antenne de transmission à chaque utilisateur.

114

La figure 5.7 illustre les capacités DL en utilisant les précodeurs linéaires (beamformers). On observe que le précodeur radio cognitif secondaire $\mathbf{P}_s$ compense les interférences secondaires tandis que le précodeur primaire $\mathbf{P}_p$ améliore les transmissions primaires pour un faible SNR (voir C_p : *Prec, Ss-Int, CSIT* (sans interférences), C_p : *Int, Ss-Prec* (sans précodeur), C_p : *Prec+Int*). Dans les zones de fort SNR ($\geq$ 10dB), la capacité du secondaire représentée par "C_s : *CR Prec+int*" est impactée par les interférences en provenance du primaire, car celles ci ne sont pas parfaitement compensées ($N_p = 10$). Ces observations se confirment aussi pour la courbe C_s : *CR2 Prec+Int* qui représente le cas ou le précodeur secondaire est remplacé par celui de la section 5.6 qui n'exploite que le facteur de calibration secondaire $\mathbf{Q}_{bs}$. Les interférences vers le primaire restent atténuées, avec toutefois une réduction de la capacité au secondaire engendrée par les imperfections du précodeur.

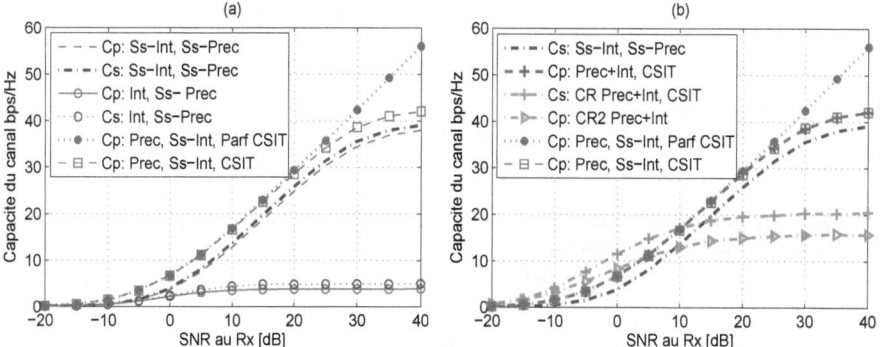

FIGURE 5.7 – *Capacités des canaux DL PU/SU en fonction du SNR, $K = L = 4$ utilisateurs, la puissance Tx $\Phi_{p,s} = 1$, $M_p = 10$ au PU, $M_s = 50$ au SU, $\sigma_e^2 = 10^{-3}$.*

Par ailleurs, même si le processus de précodage améliore les capacités primaires et secondaires quand le nombre d'antennes croît (voir figure 5.9), la figure 5.7 nous permet de constater que la contribution des précodeurs est affectée par l'erreur d'estimation du canal σ_e^2.

La figure 5.8 montre la variation de la capacité lorsque la puissance de transmission du secondaire varie. On observe que dans le cas d'une transmission massive MIMO conventionnelle utilisant un précodeur MRC (voir C_p : *MM-Prec*) lorsque la puissance des signaux interférents secondaires augmente, la capacité DL du primaire décroît logiquement, et celle du secondaire augmente [71]. Toutefois, le précodeur secondaire SIW permet de résoudre ce problème en compensant automatiquement les perturbations secondaires même lorsque Φ_s augmente. Cela s'illustre sur la figure 5.8 par la courbe C_p : *Int CR-prec*. On remarque toutefois que toutes ces performances sont dépendantes de la précision de l'estimation des canaux de transmission. Ainsi, la figure 5.8 montre que l'on peut augmenter la puissance de transmission (donc la capacité) au secondaire avec peu de perturbation sur le système primaire. Cette dernière observation se rapproche de la configuration RC underlay qui préconise des transmissions secondaires en dessous d'un certain seuil de puissance tolérable pour les récepteurs primaires.

En outre, dans le but d'observer l'impact du nombre d'antennes primaires sur le scénario RC,

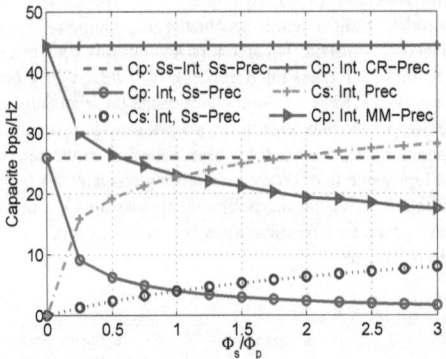

FIGURE 5.8 – *Évolution des capacités DL en fonction du rapport de puissance Tx SU sur Tx PU (SU / PU), $L = K = 4$, $M_p = M_s = 100$, avec un SNR = 20dB, $\sigma_e^2 = 10^{-3}$.*

dans la figure 5.9, nous faisons varier le nombre d'antennes à la station de base primaire tout en gardant constant celui du secondaire.

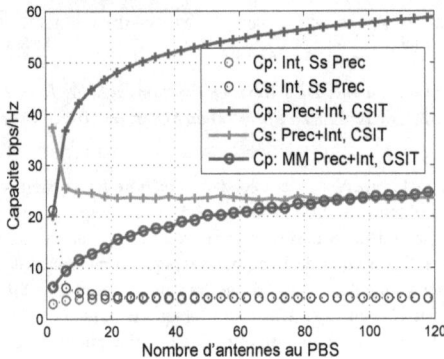

FIGURE 5.9 – *Capacités DL PU/SU en fonction du nombre d'antennes au primaire, avec $L = K = 4$ et un SNR = 20dB, $\sigma_e^2 = 10^{-3}$, $\Phi_{p,s} = 1$, $N_s = 100$.*

En comparant ensuite les performances obtenues avec le précodeur MRC massive MIMO et le précodeur SIW au secondaire, on observe que contrairement au cas avec le précodeur MRC, on obtient une plus grande capacité primaire en utilisant le précodeur SIW et $4 < N_p \leq 20$ antennes au primaire ("*Cp prec*"). Par ailleurs, sans le précodeur SIW, les perturbations du secon-

116

daire réduisent considérablement les performances primaires ("*Cp MMprec*"). Les performances au niveau du secondaire s'expliquent par le fait qu'en dessous de $N_p \leq K = 4$ utilisateurs, le secondaire exploite le degré de liberté disponible au primaire ($d_p = min(K, Np)$) et la capacité se stabilise avec l'augmentation du nombre d'antennes primaire ($N_p > K = 4$). Lorsque N_p augmente et dépasse 20, les interférences primaires sont atténuées grâce au précodeur primaire qui tend vers une structure massive MIMO.

Cette simulation permet en définitive d'évaluer les possibilités d'implémentation d'un scénario RC avec un système primaire utilisant une transmission conventionnelle MIMO ($N_p \leq 20$ antennes) et un secondaire transmettant en régime massive MIMO avec le précodage SIW.

Nous supposons maintenant que toutes les matrices de calibration sont estimées avec une erreur $n_c \sim \mathcal{CN}\{0, \sigma_c^2 I\}$, ensuite les canaux interférents DL sont déterminés en utilisant les équations (5.11, 3.59). La figure 5.10 traduit cette simulation et montre que l'erreur d'estimation des canaux DL croît logiquement en fonction de l'erreur de calibration. Quand n_c augmente ($\Phi/\sigma_c^2 \leq 0dB, \Phi_p = \Phi_s = \Phi$), les précodeurs possèdent des coefficients aléatoires et lorsque $0dB < \Phi/\sigma_c^2 < 10dB$, le système secondaire P_s génère des interférences additionnelles sur le primaire. En outre, même si ces perturbations ne sont pas observées quand le primaire et le secondaire utilisent des précodeurs massive MIMO conventionnels, toutefois, notre précodeur radio cognitif améliore considérablement la capacité du primaire avec les interférences et sans augmenter le nombre des antennes à la station de base [67]. La figure 5.10 illustre le bénéfice du précodeur RC SIW quand $\sigma_c^2 \leq 10^{-1.5}$ pour $N = 100$ et $\sigma_c^2 \leq 10^{-2}$ pour $M = 200$.

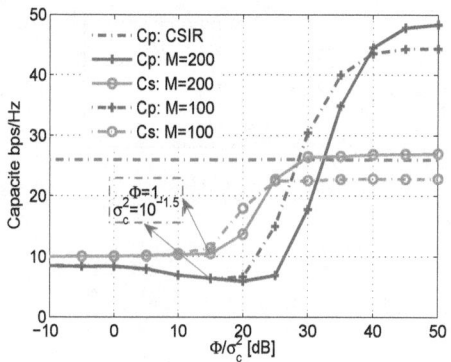

FIGURE 5.10 – *Capacité DL des PU/SU selon le rapport* Φ_p/σ_c^2 *(l'erreur de calibration), avec* $L = K = 4$ *et un SNR* $= 20dB$, $\sigma_e^2 = 10^{-3}$, $\Phi_{p,s} = 1$.

5.8   Conclusions partielles

Tout au long de ce chapitre, nous avons illustré les avantages d'une transmission radio cognitive dans un système massive MIMO.

L'utilisation d'un précodeur radio cognitif spatial interweave basé sur la réciprocité du canal de transmission en TDD a montré des résultats significatifs. Les résultats des simulations attestent dans un premier temps qu'en utilisant une approche massive MIMO au secondaire, il est possible de compenser les interférences générées par le système secondaire vers le système primaire tout en augmentant la capacité secondaire dans un système multi-cellulaire massive MIMO. Dans un second temps, les évaluations confirment l'amélioration des capacités dans la cellule primaire avec interférences, même quand celle ci est représentée par un système MIMO conventionnel.

Toutefois, ces performances dépendent de la précision de la calibration et de l'estimation des canaux UL / DL. Ce chapitre constitue donc une base pour des évaluations futures sur les méthodes de calibration relative des circuits RF et de précodage SIW en régime massive MIMO. La dernière partie de notre étude abordera les conclusions générales et les perspectives.

Troisième partie

Conclusion Générale et Perspectives

Chapitre 6

Conclusions et Perspectives

6.1 Conclusions

Au terme de ces trois années de recherche, la diversité des études menées a permis de répondre à des défis liés à la réalisation de la radio cognitive spatial interweave ainsi qu'a son application à des technologies innovantes.

Rappelons que le but de notre approche radio cognitive spatial interweave consiste à compenser automatiquement toutes les interférences générées par le système cognitif (secondaire) en direction du système primaire à l'aide d'un précodeur linéaire (null-Beamforming). Afin d'atteindre cet objectif, nous avons introduit dans la première partie de notre étude, un scénario de transmission de base dans un contexte mono-utilisateur. À l'aide de ce modèle initial nous avons défini certaines bases théoriques essentielles à la compréhension de notre approche.

Par ailleurs, comme nous l'avons illustré dans le Chapitre 2, la mise en forme du précodeur est essentiellement basée sur la capacité d'acquisition des canaux interférents entre les utilisateurs primaires et les émetteurs secondaires. Nous nous sommes alors orientés vers un mode de transmission en duplex temporel TDD afin d'exploiter l'hypothèse de la réciprocité du canal, et ainsi de déterminer le canal de transmission à l'émetteur, sans aucune coopération entre les cellules primaires et secondaires.

D'autre part, la mise en évidence de la réciprocité du canal de transmission TDD comme un élément fondamental dans notre scénario, a conduit à une étude concise des sources de destruction et des facteurs limitant l'exploitation de la réciprocité dans une situation de transmission pratique. Cette investigation a fait ressortir les distorsions liées au couplage entre les antennes et aux circuits RF (radio fréquence) aussi bien en émission qu'en réception. Nous avons de ce fait introduit des algorithmes de calibration relative MIMO (temps / fréquences) dans le but de compenser ces perturbations. Nous avons finalement comparé leurs complexités algorithmiques et leurs efficacités de reconstruction des canaux réels et simulés en vue d'une implémentation pratique.

En effet, la cohabitation entre les systèmes primaires et secondaires sur des bandes autorisées constitue l'un des objectifs de base de la radio cognitive. Mais l'un des inconvénients majeurs est la barrière que représente l'implémentation des nombreuses hypothèses théoriques dans un système licencié. La phase d'implémentation pratique du scénario théorique RC que nous avons suggérée dans le Chapitre 4 permet de surmonter ce défi. Nous avons ainsi proposé une implémentation pratique de l'algorithme de calibration relative la moins complexe i.e., $M \times N$-SISO, des méthodes d'acquisition des canaux à travers la réciprocité et du précodage linéaire spatial interweave (null-beamforming). Cette phase d'implémentation s'appuie sur la plateforme expérimentale OpenAirInterface qui exploite les spécifications LTE (long term evolution), la dernière norme des télécommunications mobiles. Les résultats issus de la plateforme illustrent la faisabilité d'une implémentation dans un système LTE mono-utilisateur en temps-réel.

Dans la seconde partie de notre étude (Chapitre 5), nous nous sommes concentrés sur une extension du scénario mono-utilisateur à un système de transmission multi-utilisateurs dans un contexte multi-cellulaire. Nous avons suggéré une association des méthodes de transmission spatial interweave et massive MIMO afin d'optimiser l'efficacité spectrale. Les résultats des simulations montrent un accroissement des capacités de transmission au secondaire et une atténuation des interférences vers le primaire résultant du précodage massive MIMO / spatial interweave. Nous restons persuadés que cette approche possède les atouts pour relever le défi imposé par la progression exponentielle du trafic cellulaire.

Au terme de ces investigations, nous sommes convaincus que ce travail est une contribution à la recherche sur l'optimisation des ressources radio à travers la radio cognitive. Il représente également une réponse à l'augmentation du trafic et s'établit comme une contribution à l'évolution des transmissions radio dans un contexte multi-cellulaire avec interférence.

Nos recherches mettent également en exergue l'étendue des évolutions qu'il est possible d'apporter et les directions de recherches qui seront laissées à l'attention de la communauté et dont certaines sont explicitées dans les sections suivantes.

6.1.1 Travaux futurs

Nous avons orienté notre étude vers une approche radio cognitive interweave afin d'annuler les interférences générées par le système secondaire. Toutefois, nous avons montré dans le Chapitre 5, que nos techniques de précodage pouvaient également être considérées selon des approches underlay et overlay. Une extension pertinente de nos travaux consisterait dans un premier temps à évaluer divers précodeurs radio cognitif avec de nouveaux critères correspondants aux approches overlay et underlay, et dans un second temps à évaluer les performances en comparaison des résultats de notre étude.

D'autre part, l'implémentation pratique sur la plateforme LTE OpenAirInterface dans le Chapitre 4 a montré la pertinence des solutions proposées dans la pratique. Néanmoins, pour contourner le défi technique que représente la synchronisation du système secondaire, nous avons par défaut supposé une synchronisation parfaite entre les eNB primaire et secondaire. Cependant, dans des conditions réelles de transmission, l'étape de la synchronisation doit être clairement définie. Nous proposons dans notre étude une phase de synchronisation basée sur l'écoute périodiquement des signaux de synchronisation PSS/SSS dans la trame TDD primaire. Il est également possible qu'un utilisateur de référence diffuse simultanément des signaux de synchronisation pour les utilisateurs primaires et secondaires. La phase de synchronisation est donc une étape cruciale et de nombreuses idées sont envisageables afin de faciliter la gestion des interférences plus généralement dans un système radio cognitif LTE.

Dans le Chapitre 5, nous proposons une solution de calibration massive MIMO simplifiée qui nécessite toutefois une phase d'estimation et de feed-back par un utilisateur de référence. Nous estimons que pour la poursuite des travaux, la simplification de la calibration relative massive MIMO doit être une priorité, étant donné le nombre important d'antennes à la station de base et l'impact des circuits RF. Nous sommes convaincus qu'une approche de calibration uniquement basée sur les pilotes et/ou les signaux transmis en uplink, constituerait une avancée dans le sens de la simplification des procédures de calibration massive MIMO et supprimerait la phase de feedback.

In fine, on observe plus généralement que la restauration de la réciprocité du canal à travers la calibration relative étend les perspectives à de nombreuses applications dans la théorie de l'estimation du canal, dans le précodage et pour les méthodes de feed-back.

La section suivante donnera un aperçu des perspectives générales résultantes de notre projet de recherche.

6.2 Perspectives générales et orientations de recherches

Small-cells et systèmes radio cognitifs

Nos travaux ont permis la réalisation de fonctions telles que la calibration et l'exploitation de la réciprocité du canal, la capacité d'acquisition des canaux interférents, le précodage linéaire spatial interweave ainsi que les solutions de l'implémentation pratique. Toutes ces fonctions radio cognitives développées aux cours de nos recherches sont aussi exploitables dans plusieurs systèmes de transmission sans fil avec interférences.

Le concept des "small-cells" représente l'un des cas pratiques dans lesquels pourraient s'illustrer nos solutions. Les small-cells définissent un ensemble d'architectures cellulaires (i.e., femtocells, picocells, et microcells) à faible densité qui ont recours à des cellules de petites tailles, des stations de base de faible puissance et un nombre réduit d'utilisateurs [83, 84]. Cette approche favorise un déploiement simplifié et comble les inconvénients des cellules traditionnelles (macro-cells), en permettant aux opérateurs d'améliorer la couverture réseau et le trafic dans certaines zones géographiques, ou d'offrir des services supplémentaires à des catégories d'utilisateurs. La cellule principale et les small-cells cohabitent grâce à une gestion centralisée qui rend leurs déploiements fastidieux et n'élimine pas totalement les risques d'interférence entre cellules.

Nous proposons d'étendre les méthodes radio cognitives développées dans notre thèse aux small-cells, en les considérant comme des cellules secondaires (cognitives). Ainsi, nos solutions seront exploitées afin d'améliorer la cohabitation entre primaires (macro-cells) et secondaires (small-cells), en compensant automatiquement les interférences, pour faciliter le déploiement des smalls-cells.

Plus généralement, avec l'émergence des standards LTE (Advanced), l'approfondissement de nos résultats sur la calibration, la réciprocité et le précodage linéaire spatial interweave ainsi que leurs implémentations dans les cellules TDD-LTE (Advanced) s'avèrent être des alternatives prometteuses. En effet, cela permettra à des opérateurs de téléphonie mobile de proposer diverses solutions pour la gestion optimale du spectre alloué, l'amélioration de la qualité de service (QoS) et l'augmentation des débits de transmission.

La radio cognitive dans la téléphonie mobile : de la 4eme à la 5eme génération

La 5eme génération des standards de téléphonie mobile n'en est encore qu'a ses balbutiements, elle est sujette à de nombreuses spéculations mais ne possède à ce jour aucun caractère officiel [85, 86]. Toutefois, la plupart des propositions s'accordent pour dire que la 5G devra permettre des débits de plusieurs gigabits par seconde (Gbps) afin de répondre à l'explosion du trafic de données mobiles à l'orée 2020, qui sera selon les prévisions plus de 30 fois supérieures à celles de 2012. La 5G suscite par conséquent l'intérêt de nombreux organismes, opérateurs et fabricants actifs dans le secteur des télécommunications mobiles (e.g., la commission Européenne, Samsung, NTT DOCOMO). De plus, elle regroupera la plupart des technologies qui succéderont à la 4eme génération des standards de transmission mobile à l'horizon 2020 − 2025.

Alors que certains proposent une approche 5G avec la plupart des innovations centralisées sur les terminaux mobiles [85, 87], d'autres proposent de favoriser l'émergence des énergies dites *vertes* [86] où l'interopérabilité entre réseaux hétérogènes.

On note également que face à la demande exponentielle en ressource spectrale, l'optimisation du spectre radio à elle seule ne sera plus suffisante. Des technologies innovantes sont donc nécessaires afin d'évoluer vers la 5G. Dans cette optique, nous avons montré dans le Chapitre 5 que la combinaison de la radio cognitive et du massive MIMO s'avère être une alternative prometteuse pour accroître l'efficacité spectrale. Nous pensons également que l'exploitation des longueurs d'onde millimétriques "millimeter waves" (mmWaves) constitue une approche tout aussi intéressante et mérite une attention particulière. En effet, entre 3 − 300 Ghz, il existe des bandes de fréquences non licenciées et non utilisées de plus de 250 Ghz [88, 89]. Cette énorme largeur de bande peut être exploitée pour augmenter les débits de transmission. Elle ouvre de ce fait la porte à de nombreuses possibilités de développement avec des techniques MIMO, de précodage, de détection, etc [89]. On sera donc confronté aux mêmes problématiques de précodage de gestion des interférences et d'acquisition du canal dont certaines solutions sont proposées dans notre étude. La section suivante illustre certains aspects de nos propositions appliquées aux transmissions mmWaves.

Réciprocité et précodage RC : application aux ondes millimétriques "mmWaves"

Contrairement aux transmissions cellulaires traditionnelles ($\leq$ 5 Ghz), les transmissions sur les ondes millimétriques se propagent différemment (faible diffraction, dispersion) à travers les obstacles et sont confrontées aux pertes de pluies. L'adoption des transmissions mmWaves, entraînera donc inévitablement certaines problématiques relatives à la propagation des signaux. Toutefois, les longueurs d'ondes millimétriques favorisent la conception de réseaux d'antennes plus dense dans un espace restreint [88, 90].

Dans un soucis d'optimisation, le mmWaves pourra être combiné aux méthodes MIMO (i.e., diversité spatiale, précodage, détection), et nécessitera par conséquent, des techniques d'acquisition du canal de transmission à l'émetteur [89]. L'exploitation de la réciprocité du canal de transmission et les méthodes de calibration relatives demeurent donc des alternatives intéressantes. Nos propositions de calibration des chaînes RF pourraient ainsi constituer un axe de recherche pour la calibration de la réciprocité du canal TDD mmWaves afin de réaliser le précodage à l'émetteur [89].

De nombreux problèmes liées à l'implémentation pratique du mmWaves (e.g., consommation électrique, propagation, précodage, interférences, équipements) sont donc à évaluer et constitueront sûrement dans un future proche, les nouveaux challenges des chercheurs dans le domaine des transmissions sans fil.

In fine, l'illustration de ces perspectives de recherche dans les small-cells, le massive MIMO et le mmWave ne représente selon nous qu'une partie des applications possibles de notre étude. En outre, comme le dit l'écrivain américain Isaac Asimov : *"La connaissance scientifique possède en quelque sorte des propriétés fractales : nous aurons beau accroître notre savoir, le reste si infime soit-il sera toujours aussi infiniment complexe que l'ensemble de départ."*. C'est donc sur cette réflexion que nous proposons de clore cette étude sur les stratégies de coopération dans les réseaux radio cognitifs.

Annexe A

*

A.1   Allocation des bandes de fréquence aux USA en 2011

Dans la page suivante, nous illustrons la répartition des bandes de fréquence électromagnétique effectuée par la FCC aux USA. L'agrandissent des plages entre 3 GHz et 30 GHz montre la multitude des systèmes de transmission exploitant cette bande, il en est de même pour les plages de 300 GHz à 3 GHz qui regroupent la plupart des systèmes de transmission cellulaire.

Sources : "http ://www.ntia.doc.gov/files/ntia/publications/spectrum_wall_chart_aug2011.pdf"

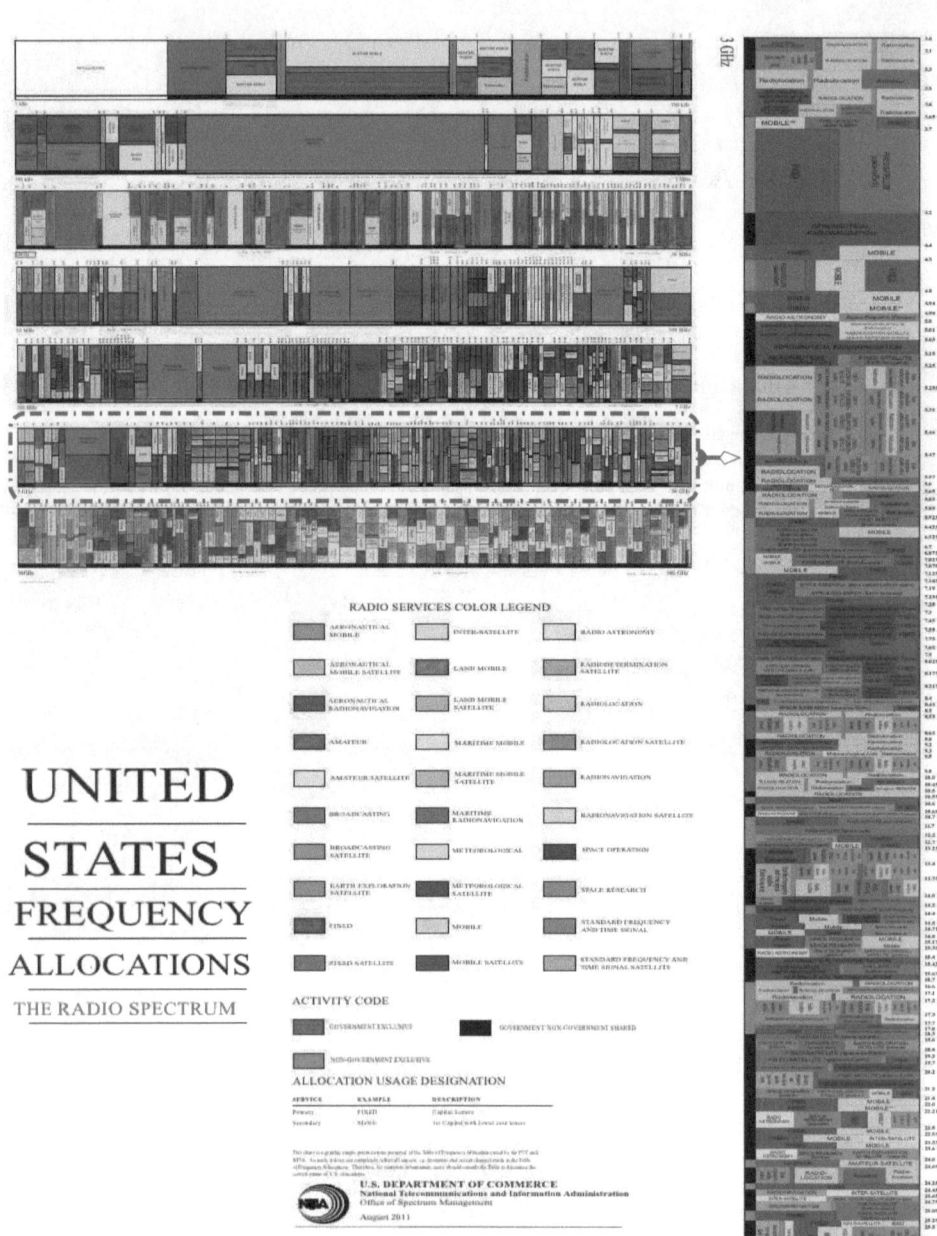

Annexe B

*

B.1 Solution SVD TLS sur la plateforme OAI

Considérons le système TLS suivant :

$$\mathbf{P}_{M \times M} = \underset{\{\mathbf{P}, \alpha_\mathbf{G}, \alpha_\mathbf{G}\}}{\arg \min} \left(\|\|[\alpha_\mathbf{G} \;\; \alpha_\mathbf{H}]\|\|_F \right) \tag{B.1}$$
$$\text{s.t} \; (\hat{\mathbf{G}}_{M \times N} + \alpha_\mathbf{G})^T = (\hat{\mathbf{H}}_{N \times M} + \alpha_\mathbf{H})\mathbf{P}.$$

dans le cas spécifique où le paramètre $\hat{\mathbf{G}}$ est un vecteur $\hat{\mathbf{g}}$ ($M = 1$) et le paramètre $\hat{\mathbf{H}}$ une matrice de plein rang, le problème TLS peut s'écrire comme suit :

$$\mathbf{p}_{1 \times 1} = (\hat{\mathbf{H}}^T \hat{\mathbf{H}} - \lambda_{M+1} \mathbf{I})^{-1} \hat{\mathbf{H}}^T \hat{\mathbf{g}}, \tag{B.2}$$

où λ_{M+1} représente la plus petite valeur singulière de la matrice concaténée $\mathbf{M}_{N \times (M+1)} = [\hat{\mathbf{H}} \;\; \hat{\mathbf{g}}]$ [56]. En appliquant cette solution TLS aux équations de la section 4.4.2, on obtient $\hat{\mathbf{H}} = \hat{\mathbf{h}}_{N \times 1}$ et :

$$P_{i,j} = \frac{\hat{\mathbf{h}}^T \hat{\mathbf{g}}}{(\hat{\mathbf{h}}^T \hat{\mathbf{h}} - \lambda_{M+1}^2)} \tag{B.3}$$

avec $\hat{\mathbf{g}}$ et $\hat{\mathbf{h}}$ les K estimations des canaux DL et UL dans le temps $M = 1$, $N = K \times 2$. Soit la matrice :

$$\mathbf{M}^H \mathbf{M} = \begin{bmatrix} \hat{\mathbf{h}}^H \\ \hat{\mathbf{g}}^H \end{bmatrix} [\hat{\mathbf{h}} \;\; \hat{\mathbf{g}}] = \begin{bmatrix} w & x \\ y & z \end{bmatrix} \tag{B.4}$$

on remarque que $w = \hat{\mathbf{h}}^H \hat{\mathbf{h}}$ et $x = \hat{\mathbf{h}}^H \hat{\mathbf{g}}$, cela implique que :

$$P_{i,j} = \frac{x}{(w - \lambda_{M+1}^2)}. \tag{B.5}$$

Il ne reste plus qu'à déterminer la plus petite valeur singulière λ_{M+1} de la matrice $\mathbf{M}$. Pour cela, il suffit de calculer σ_n, les valeurs propres de $\mathbf{M}^H \mathbf{M}$, étant donnée que les valeurs propres de $\mathbf{M}^H \mathbf{M}$ sont égales à λ_n^2 le carré des valeurs singulières de $\mathbf{M}$. Les relations matricielles dans [91] nous permettent d'écrire dans le cas spécifique d'une matrice de dimension 2×2, la plus petite valeur propre $\sigma_2 = \lambda_2^2$ d'une matrice $(\mathbf{M}^H \mathbf{M})_{2 \times 2}$ telle que :

$$\sigma_2 = \frac{\text{tr}(\mathbf{M}^H \mathbf{M}) - \sqrt{\text{tr}(\mathbf{M}^H \mathbf{M})^2 - 4 \det (\mathbf{M}^H \mathbf{M})}}{2}.$$

Il en résulte finalement la relation :

$$P_{i,j} = \frac{x}{(w-\sigma_2)}$$

$$= \frac{x}{(w-1/2\times[(w+z)-\sqrt{(w+z)^2-4(wz-xy)}]}$$

$$P_{i,j} = \frac{2x}{w-z+\sqrt{(w+z)^2-4(wz-xy)}}.$$

Cette expression plus simplifiée de $P_{i,j}$ peut ainsi être implémentée avec moins de complexité en langage C sur la plateforme OAI.

B.2 Impact du PAPR et utilisation du SC-FDMA en UL

Dans les transmissions OFDM, le rapport entre l'amplitude maximale du signal (pic) et la valeur efficace est très élevé. Ce rapport aussi dénommé facteur de crête ou PAPR (Peak-to-Average Power Ratio) nécessite de ce fait des amplificateurs linéaires avec une grande efficacité énergétique.

Certaines méthodes permettent de compenser l'impact du PAPR dans les transmissions OFDM, toutefois elles nécessitent un grand effort de calcul et de signalisation. Le PAPR ne représente donc pas réellement un problème dans les transmissions DL, étant donné que les stations de base possèdent une grande capacité de calcul n'ont pas d'énormes contraintes de puissance. Par contre, le PAPR est difficilement compensable dans les transmissions UL du fait des ressources limitées.

Dans le souci de réduire l'impact du PAPR sur les transmissions UL (e.g., puissance de transmission, consommation) tout en conservant les avantages de l'OFDMA en LTE, le "single-carrier" FDMA (SC-FDMA) a été sélectionné dans les transmissions LTE-UL. La figure B.1 illustre un système SC-FDMA, on remarque l'ajout du bloque TFD sur N points en comparaison au schéma OFDMA conventionnel. Cette étape de TFD sur N points dans le SC-FDMA permet

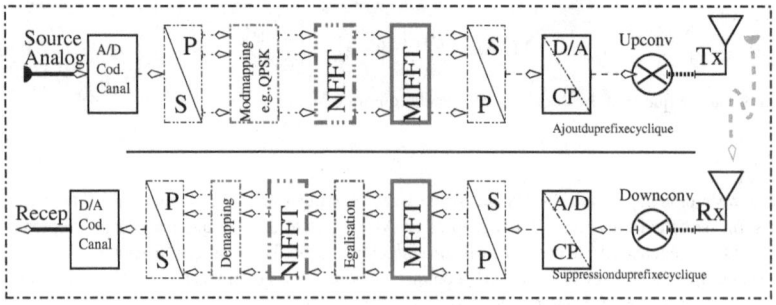

FIGURE B.1 – *Représentation d'un système SC-FDMA ($N < M$).*

ainsi de conserver certains avantages de l'OFDMA comme la simplicité de l'égalisation dans un canal sélectif en fréquence, la gestion des interférences entre symboles ISI et les transmissions orthogonales entre les utilisateurs. Elle permet également de réduire l'effet du PAPR et par conséquent les coûts des terminaux en optimisant l'autonomie des batteries. On remarque toutefois que même si il optimise l'efficacité énergétique, l'ajout du bloque TFD dans le SC-FDMA génère tout de même des débits de transmission moins élevés que dans les transmissions DL pour des bandes passantes identiques.

B.3 Calcul du débit de transmission LTE

Afin de déterminer le débit de transmission en Kilobit par seconde (Kb/s), nous déterminerons le nombre de bit d'information transmit dans une sous-trame. Les éléments permettant de calculer ce nombre de bit sont définis dans [92]. En utilisant les tableaux de la section 7.1.7 dans [92], on remarque que l'indice du MCS et du N_{RB} (le nombre de "resources block" alloués) permettent de déterminer dans un premier temps le TBS (transport block size) qui donne une information sur le nombre total de bit par sous-trame (N_{bits}). Afin de distinguer le nombre de bits dédié à la transmission des données utiles, on calcule dans un second temps le nombre de "resources elements" RE alloué à la transmission des séquences pilotes N_{RS}. Ce qui nous permet ensuite de déterminer le nombre totale de bits de donnée utiles (B_{Util}) grâce à la relation :

$$B_{Util} = N_{bits} \times \frac{N_{RE} - N_{RS}}{N_{RE}}, \tag{B.6}$$

avec N_{RE} le nombre total de RE par "resource block". Sachant qu'une sous-trame LTE-TDD est transmise en 1 ms, on détermine finalement le débit de transmission en DL D_{DL} (ou en UL) en utilisant le nombre de sous-trame DL (ou UL) S_{DL} dans une trame TDD-LTE tel que :

$$D_{DL} = \frac{B_{Util} \times S_{DL}}{1 \times 10^{-3}} \text{ Kb/s}. \tag{B.7}$$

B.4 Capacité du canal "massive MIMO" dans un cas pratique

Nous avons dans un premier temps observé la valeur nulle de l'espérance mathématique du dénominateur et du numérateur dans la relation (5.16). Nous en avons donc déduit la valeur suivante :

$$\text{SINR} = \frac{\text{var}(\mathbb{E}[\mathbf{g}_{ss}\mathbf{p}_{sl}]s_l)}{\text{var}[\mathbf{g}_{ss}\mathbf{p}_{sl}s_l - \mathbb{E}[\mathbf{g}_{ss}\mathbf{p}_{sl}]s_l + \sum_{j=1,j\neq l}^{L} \mathbf{g}_{ss}\mathbf{p}_{sj}s_j + \sum_{k=1}^{K} \mathbf{g}_{sp}\mathbf{p}_{pk}s_p + n_s]}.$$

En outre, en supposant des paramètres complexes, la valeur $\mathbb{E}[(\mathbf{g}_{ss}\mathbf{p}_s)]$ constante et les données de chacun des utilisateurs aléatoires $s \sim \mathcal{CN}\{0,1\}$, nous pouvons écrire le numérateur tel que :

$$\text{var}(\mathbb{E}[\mathbf{g}_{ss}\mathbf{p}_{sl}]s_s) = \mathbb{E}[\mathbf{g}_{ss}\mathbf{p}_s]\mathbb{E}[\mathbf{g}_{ss}\mathbf{p}_s]^*\text{var}(s_s) = |\mathbb{E}[\mathbf{g}_{ss}\mathbf{p}_s]|^2.$$

Le dénominateur est calculé en regroupant les termes corrélés :

$$\text{var}[\mathbf{g}_{ss}\mathbf{p}_{sl}s_l - \mathbb{E}[\mathbf{g}_{ss}\mathbf{p}_{sl}]s_l + \sum_{j=1,j\neq l}^{L} \mathbf{g}_{ss}\mathbf{p}_{sj}s_j + \sum_{k=1}^{K} \mathbf{g}_{sp}\mathbf{p}_{pk}s_p + n_s]$$

$$= \text{var}(\mathbf{g}_{ss}\mathbf{p}_{sl}s_l - \mathbb{E}[\mathbf{g}_{ss}\mathbf{p}_{sl}]s_l) + \text{var}(\sum_{j=1,j\neq l}^{L} \mathbf{g}_{ss}\mathbf{p}_{sj}s_j) + \text{var}(\sum_{k=1}^{K} \mathbf{g}_{sp}\mathbf{p}_{pk}s_p) + \text{var}(n_s).$$

On observe que :

$$
\begin{aligned}
\mathrm{var}(\mathbf{g}_{ss}\mathbf{p}_{sl}s_l) &= \mathbb{E}[|\mathbf{g}_{ss}\mathbf{p}_{sl}s_l - \mathbb{E}[\mathbf{g}_{ss}\mathbf{p}_{sl}]s_l|^2] - |\mathbb{E}[\mathbf{g}_{ss}\mathbf{p}_{sl}s_l - \mathbb{E}[\mathbf{g}_{ss}\mathbf{p}_{sl}]s_l]|^2 \\
&= \mathbb{E}[|\mathbf{g}_{ss}\mathbf{p}_{sl}s_l - \mathbb{E}[\mathbf{g}_{ss}\mathbf{p}_{sl}]s_l|^2] \\
&= \mathbb{E}[(\mathbf{g}_{ss}\mathbf{p}_{sl}s_l - \mathbb{E}[\mathbf{g}_{ss}\mathbf{p}_{sl}]s_l)(\mathbf{g}_{ss}\mathbf{p}_{sl}s_l - \mathbb{E}[\mathbf{g}_{ss}\mathbf{p}_{sl}]s_l)^*] \\
&= \mathbb{E}[|\mathbf{g}_{ss}\mathbf{p}_{sl}|^2] + |\mathbb{E}[\mathbf{g}_{ss}\mathbf{p}_{sl}]|^2 - 2|\mathbb{E}[\mathbf{g}_{ss}\mathbf{p}_{sl}]|^2 \\
&= \mathrm{var}(\mathbf{g}_{ss}\mathbf{p}_{sl}).
\end{aligned}
$$

Les autres termes sont déterminés en posant :

$$
\mathrm{var}(\textstyle\sum_{k=1}^{K}\mathbf{g}_{sp}\mathbf{p}_{pk}s_p) = \textstyle\sum_{k=1}^{K}\mathrm{var}(\mathbf{g}_{sp}\mathbf{p}_{pk}s_p)
$$

$$
\begin{aligned}
\mathrm{var}(\mathbf{g}_{sp}\mathbf{p}_{pk}s_p) &= \mathbb{E}[|\mathbf{g}_{sp}\mathbf{p}_{pk}s_p|^2] - |\mathbb{E}[\mathbf{g}_{sp}\mathbf{p}_{pk}s_p]|^2 \\
&= \mathbb{E}[|\mathbf{g}_{sp}\mathbf{p}_{pk}|^2]\mathbb{E}[|s_p|^2] - |\mathbb{E}[\mathbf{g}_{sp}\mathbf{p}_{pk}]\mathbb{E}[s_p]|^2 \\
&= \mathbb{E}[|\mathbf{g}_{sp}\mathbf{p}_{pk}|^2].
\end{aligned}
$$

La même procédure est appliquée au terme $\mathrm{var}(\sum_{j=1,j\neq l}^{L}\mathbf{g}_{ss}\mathbf{p}_{sj}s_j)$.
Nous obtenons finalement la formulation :

$$
\mathrm{SINR} = \frac{|\mathbb{E}[\mathbf{g}_{ss}\mathbf{p}_{sl}]|^2}{\sigma^2 + \mathrm{var}(\mathbf{g}_{ss}\mathbf{p}_{sl}) + \sum_{j=1,j\neq l}^{L}\mathbb{E}[|\mathbf{g}_{ss}\mathbf{p}_{sj}|^2] + \sum_{k=1}^{K}\mathbb{E}[|\mathbf{g}_{sp}\mathbf{p}_{pk}|^2]}.
$$

Références bibliographiques

[1] J. Mitola III, "Cognitive Radio Architecture," *Cognitive Radio, Software Defined Radio, and Adaptive Wireless Systems*, pp. 43–107, 2007.

[2] S. Haykin, "Cognitive radio : brain-empowered wireless communications," *IEEE Journal, Selected Areas in Communications*, vol. 23, no. 2, pp. 201–220, 2005.

[3] F. H. P. Fitzek, M. D. Katz, and Ebooks Corporation, *Cooperation in wireless networks : principles and applications*, pp. 243–311, Springer, 2006.

[4] J. Liu, G. Vandersteen, J. Craninckx, M. Libois, M. Wouters, F. Petre, and A. Barel, "A novel and low-cost analog front-end mismatch calibration scheme for MIMO-OFDM WLANs," in *Radio and Wireless IEEE Symp.*, 2006, pp. 219–222.

[5] Gerhard Fettweis, Ernesto Zimmermann, V Jungnickel, and EA Jorswieck, "Challenges in future short range wireless systems," *IEEE Vehicular Technology Mag.*, vol. 1, no. 2, pp. 24–31, 2006.

[6] Y. Hara, Y. Yano, and H. Kubo, "Antenna array calibration using frequency selection in OFDMA/TDD systems," in *IEEE Global Telecommunications Conf., GLOBECOM 2008.*, pp. 1–5.

[7] "The framework program 7 (fp7) crown work packages 3 : Scenarios definition," *http ://www.fp7-crown.eu/work.html*.

[8] "Eurecom OpenAirInterface website : http ://www.openairinterface.org," .

[9] "The LTE Release website : http ://www.3gpp.org/LTE," .

[10] MIET (http ://cp.literature.agilent.com/litweb/pdf/5989-7898EN.pdf) Moray Rumney BSc, C. Eng, "3gpp lte : Introducing single-carrier fdma," *Agilent Measurement Journal*, 2008.

[11] Yves. Fournier and Freddy. Gardiol, *Marconi et Salvan : à l'aube de la télégraphie sans fil*, PORTE-PLUMES, 2009.

[12] ICT Data and Statistics Division Telecommunication Development Bureau ITU, "The world in 2013 : Ict facts and figures," *ITU Int. Telecom. Union*, 2013.

[13] J. Mitola III and G. Q. Maguire Jr, "Cognitive radio : making software radios more personal," *IEEE personal communications*, vol. 6, no. 4, pp. 13–18, 1999.

[14] J. Mitola, *Cognitive radio : An integrated agent architecture for software defined radio*, Ph.D. thesis, Royal Inst. Tech. (KTH), Stockholm, 2000.

[15] K. Watanabe, K. Ishibashi, and R. Kohno, "Performance of cognitive radio technologies in the presence of primary radio systems," in *Personal, Indoor and Mobile Radio Communications, PIMRC 2007. IEEE 18th International Symp. on*, pp. 1–5.

[16] A. Goldsmith, S. A. Jafar, I. Maric, and S. Srinivasa, "Breaking spectrum gridlock with cognitive radios : An information theoretic perspective," *Proceedings of the IEEE*, vol. 97, no. 5, pp. 894–914, 2009.

[17] M. Haddad, A. M. Hayar, and M. Debbah, "Spectral efficiency of cognitive radio systems," in *IEEE Global Telecom. Conference, GLOBECOM'07.*, 2007, pp. 4165–4169.

[18] Giuseppe Caire and Shlomo Shamai, "On the achievable throughput of a multiantenna gaussian broadcast channel," *Information Theory, IEEE Transactions on*, vol. 49, no. 7, pp. 1691–1706, 2003.

[19] N. Jindal and A. Goldsmith, "Dirty-paper coding versus tdma for mimo broadcast channels," *Information Theory, IEEE Trans. on*, vol. 51-5, pp. 1783–1794, 2005.

[20] H. Krim and M. Viberg, "Two decades of array signal processing research : the parametric approach," *IEEE Signal Proc. Mag.*, vol. 13, no. 4, pp. 67–94, 1996.

[21] Hiroshi Harada, "Software defined radio prototype toward cognitive radio communication systems," in *New Frontiers in Dynamic Spectrum Access Networks, DySPAN. First IEEE International Symposium on*, 2005, pp. 539–547.

[22] S. Filin, H. Harada, H. Murakami, and K. Ishizu, "International standardization of cognitive radio systems," *IEEE Com. Mag.*, vol. 49, no. 3, pp. 82–89, 2011.

[23] P. Pawelczak, K. Nolan, L. Doyle, S. W. Oh, and D. Cabric, "Cognitive radio : ten years of experimentation and development," *Communications Mag., IEEE*, vol. 49, no. 3, pp. 90–100, 2011.

[24] J. Sydor, "Coral : A wifi based cognitive radio development platform," in *Wireless Com. Systems (ISWCS), 7th IEEE International Symp. on*, 2010, pp. 1022–1025.

[25] S. Sesia, I. Toufik, and M. Baker, *LTE, The UMTS Long Term Evolution : From Theory to Practice*.

[26] B. Kouassi, L. Deneire, B. Zayen, R. Knopp, F. Kaltenberger, F. Negro, D. Slock, and I. Ghauri, "Design and implementation of spatial interweave lte-tdd cognitive radio communication on an experimental platform," *Wireless Communications, IEEE*, vol. 20, no. 2, pp. 60–67, 2013.

[27] V. Osa, C. Herranz, J. F. Monserrat, and X. Gelabert, "Implementing opportunistic spectrum access in lte-advanced," *EURASIP Journal on Wireless Communications and Networking*, vol. 2012, no. 1, pp. 99, 2012.

[28] K. W. Park and Y. S. Cho, "An mimo-ofdm technique for high-speed mobile channels," *Communications Letters, IEEE*, vol. 9, no. 7, pp. 604–606, 2005.

[29] L. Zheng and D. N. C. Tse, "Diversity and multiplexing : A fundamental tradeoff in multiple-antenna channels," *Information Theory, IEEE Trans. on*, vol. 49, no. 5, pp. 1073–1096, 2003.

[30] F. Negro, I. Ghauri, and D. T. M. Slock, "Transmission techniques and channel estimation for Spatial Interweave TDD Cognitive Radio systems," in *43rd ACSSC. Asilomar Conf. on*, 2009, pp. 523–527.

[31] Yair Noam and Andrea J Goldsmith, "Exploiting spatial degrees of freedom in mimo cognitive radio systems," in *Communications (ICC), IEEE International Conference on*, 2012, pp. 3499–3504.

[32] S. M. Perlaza, M. Debbah, S. Lasaulce, and J-M Chaufray, "Opportunistic interference alignment in mimo interference channels," in *Personal, Indoor and Mobile Radio Com. PIMRC 2008. IEEE 19th International Symposium on*, pp. 1–5.

[33] B. D. Van Veen and K. M. Buckley, "Beamforming : A versatile approach to spatial filtering," *IEEE ASSP Mag.*, vol. 5, no. 2, pp. 4–24, 1988.

[34] Andrea Goldsmith, *Wireless communications*, Cambridge university press, 2005.

[35] A. J. Paulraj, D. A. Gore, R. U. Nabar, and H. Bolcskei, "An overview of mimo communications-a key to gigabit wireless," *Proceedings of the IEEE*, vol. 92, no. 2, pp. 198–218, 2004.

[36] Richard van Nee and Ramjee Prasad, *OFDM for wireless multimedia communications*, Artech House, Inc., 2000.

[37] Emre Telatar, "Capacity of multi-antenna gaussian channels," *European Transactions on Telecommunications*, vol. 10, no. 6, pp. 585–595, 1999.

[38] S. A. Jafar and M. J. Fakhereddin, "Degrees of freedom for the mimo interference channel," *Information Theory, IEEE Trans. on*, vol. 53, no. 7, pp. 2637–2642, 2007.

[39] B. Kouassi, I. Ghauri, and L. Deneire, "Estimation of Time-Domain Calibration Parameters to Restore MIMO-TDD Channel Reciprocity," in *7th ICST International Conf. CROWN-COM*, Sweden, 2012.

[40] A. J. Paulraj and C. B. Papadias, "Space-time processing for wireless communications," *Signal Processing Mag., IEEE*, vol. 14, no. 6, pp. 49–83, 2002.

[41] K. Hugl, K. Kalliola, and J. Laurila, "Spatial reciprocity of uplink and downlink radio channels in fdd systems," *Proc. COST 273 Technical Doc. TD (02)*, vol. 66, pp. 7, 2002.

[42] Y. Han, J. Ni, and G. Du, "The potential approaches to achieve channel reciprocity in fdd system with frequency correction algorithms," in *Communications and Networking in China (CHINACOM), 5th Int. ICST Conf. on*, 2010, pp. 1–5.

[43] J. C. Guey and L. D. Larsson, "Modeling and evaluation of MIMO systems exploiting channel reciprocity in TDD mode," in *Vehicular Technology IEEE 60th Conf., VTC2004-Fall.*, vol. 6, pp. 4265–4269.

[44] Chris Bowick, John Blyler, and Cheryl Ajluni, *RF circuit design*, Newnes, 2008.

[45] Office of Technology Assessment U.S. Congress, *The 1992 World Administrative Radio Conference :Issues for U.S. International Spectrum Policy-Background Paper*, OTA-BP-TCT-76, Washington, DC : U.S. Gov. Printing Office, Nov. 1991.

[46] B. M. Hochwald and T. L. Maretta, "Adapting a downlink array from uplink measurements," *Signal Processing, IEEE Trans. on*, vol. 49, no. 3, pp. 642–653, 2001.

[47] S. Durrani and M. E. Bialkowski, "Effect of mutual coupling on the interference rejection capabilities of linear and circular arrays in cdma systems," *Antennas and Propagation, IEEE Trans. on*, vol. 52, no. 4, pp. 1130–1134, 2004.

[48] Constantine A. Balanis, "Antenna theory : analysis and design," 1982.

[49] X. Liu and M. E. Bialkowski, "Effect of antenna mutual coupling on mimo channel estimation and capacity," *International Journal of Antennas and Propagation*, 2010.

[50] M. Guillaud, D. T. M. Slock, and R. Knopp, "A practical method for wireless channel reciprocity exploitation through relative calibration," *8th ISSPA, Australia*, pp. 403–406, 2005.

[51] A. Bourdoux, B. Come, and N. Khaled, "Non-reciprocal transceivers in OFDM/SDMA systems : Impact and mitigation," in *IEEE RAWCON 2003. Proceedings*, pp. 183–186.

[52] Jian Liu, André Bourdoux, Jan Craninckx, Piet Wambacq, Boris Côme, Stephane Donnay, and Alain Barel, "Ofdm-mimo wlan ap front-end gain and phase mismatch calibration," in *IEEE Radio and Wireless Conference*, 2004, pp. 151–154.

[53] V. Jungnickel, U. Kruger, G. Istoc, T. Haustein, and C. von Helmolt, "A mimo system with reciprocal transceivers for the time-division duplex mode," in *IEEE Antennas and Propagation Society International Symposium*, 2004, vol. 2, pp. 1267–1270.

[54] F. Kaltenberger, H. Jiang, M. Guillaud, and R. Knopp, "Relative channel reciprocity calibration in mimo/tdd systems," in *Future Network and Mobile Summit, 2010*, pp. 1–10.

[55] S. M. Kay, *Fundamentals of Statistical Signal Processing : Estimation Theory*, Prentice Hall Signal Processing Series, vol. 1. 1993.

[56] I. Markovsky and S. Van Huffel, "Overview of total least-squares methods," *Signal processing*, vol. 87, no. 10, pp. 2283–2302, 2007.

[57] N. Mastronardi, P. Lemmerling, and S. Van Huffel, "Fast structured total least squares algorithm for solving the basic deconvolution problem," *SIAM Journal on Matrix Analysis and Applications*, vol. 22, pp. 533, 2000.

[58] J. Tesic, "Evaluating a class of dimensionality reduction algorithms," .

[59] Boris Kouassi, Irfan Ghauri, and Luc Deneire, "Reciprocity-Based cognitive transmissions using a MU massive MIMO approach," in *IEEE ICC 2013 - Cognitive Radio and Networks Symposium (ICC'13 CRN)*, Budapest, Hungary, June 2013.

[60] D. Noguet, V. Berg, X. Popon, M. Schuehler, and M. Tessema, "T-flex : A mobile sdr platform for tvws flexible operation," *Campus, CEA-LETI MINATEC / (Workshop on QoS & Mobility in Cognitive Communications)*.

[61] B. Kouassi, I. Ghauri, B. Zayen, and L. Deneire, "On the performance of calibration techniques for cognitive radio systems," in *The 14th Int. Symp. WPMC*, France, 2011.

[62] R. de Lacerda, L. S. Cardoso, R. Knopp, D. Gesbert, and M. Debbah, "EMOS platform : real-time capacity estimation of MIMO channels in the UMTS-TDD band," in *ISWCS 2007*, pp. 782–786.

[63] Torbjørn Sørby, "Demonstration of spatial interweave cognitive radio," M.S. thesis, Norwegian University of Science and Technology, 2010.

[64] B. Zayen, B. Kouassi, R. Knopp, F. Kaltenberger, D.T.M. Slock, I. Ghauri, and L. Deneire, "Software implementation of spatial interweave cognitive radio communication using OpenAirInterface platform," in *International Symp. on Wireless Communication Systems (ISWCS'12)*, Paris, France, 2012.

[65] T. L. Marzetta, "How much training is required for multiuser mimo ?," in *ACSSC. Asilomar Conf. on*, 2006, pp. 359–363.

[66] F. Rusek, D. Persson, B. K. Lau, E. G. Larsson, T. L. Marzetta, O. Edfors, and F. Tufvesson, "Scaling up mimo : Opportunities and challenges with very large arrays," *IEEE Signal Processing Mag.*, vol. 30, no. 1, pp. 40–60, 2013.

[67] T. L. Marzetta, "Noncooperative cellular wireless with unlimited numbers of base station antennas," *Wireless Communications, IEEE Trans. on*, vol. 9, no. 11, pp. 3590–3600, 2010.

[68] M. Émile Borel, "Les probabilités dénombrables et leurs applications arithmétiques," *Rendiconti del Circolo Matematico di Palermo (1884-1940)*, vol. 27, no. 1, pp. 247–271, 1909.

[69] Andrei Nikolaevitch Kolmogorov, "Sur la loi forte des grands nombres," *CR Acad. Sci. Paris*, vol. 191, no. 910-912, 1930.

[70] A. Ya Khintchine, "Sur la loi forte des grands nombres," *Comptes Rendus de l'Academie des Sciences*, vol. 186, 1928.

[71] H. Q. Ngo, T. Q. Duong, and E. G. Larsson, "Uplink performance analysis of multicell mu-mimo with zero-forcing receivers and perfect csi," in *IEEE Swe-CTW*, 2011, pp. 40–45.

[72] H. Huh, G. Caire, H. C. Papadopoulos, and S. A. Ramprashad, "Achieving large spectral efficiency with tdd and not-so-many base-station antennas," in *Ant. and Prop. in Wireless Com. (APWC), IEEE-APS Topical Conf. on*, 2011, pp. 1346–1349.

[73] J. Hoydis, S. Ten Brink, and M. Debbah, "Massive mimo : How many antennas do we need ?," in *Communication, Control, and Computing, 49th Annual Allerton IEEE Conf. on*, 2011, pp. 545–550.

[74] J. Jose, A. Ashikhmin, T. L. Marzetta, and S. Vishwanath, "Pilot contamination and precoding in multi-cell tdd systems," *Wireless Communications, IEEE Trans. on*, vol. 10, no. 8, pp. 2640–2651, 2011.

[75] H. Q. Ngo, T. L. Marzetta, and E. G. Larsson, "Analysis of the pilot contamination effect in very large multicell multiuser mimo systems for physical channel models," in *Acoustics, Speech and Signal Processing (ICASSP), IEEE Int. Conf. on*, 2011, pp. 3464–3467.

[76] Erik G Larsson, Fredrik Tufvesson, Ove Edfors, and Thomas L Marzetta, "Massive mimo for next generation wireless systems," *arXiv preprint arXiv :1304.6690*, 2013.

[77] Jakob Hoydis, Stephan ten Brink, and Mérouane Debbah, "Massive mimo in the ul/dl of cellular networks : How many antennas do we need ?," *Selected Areas in Communications, IEEE Journal on*, vol. 31, no. 2, pp. 160–171, 2013.

[78] Jakob Hoydis, Stephan ten Brink, and Mérouane Debbah, "Comparison of linear precoding schemes for downlink massive mimo," in *Communications (ICC), IEEE International Conference on*, 2012, pp. 2135–2139.

[79] B. Hassibi and B. M. Hochwald, "How much training is needed in multiple-antenna wireless links ?," *Information Theory, IEEE Transactions on*, vol. 49, no. 4, pp. 951–963, 2003.

[80] X. Gao, F. Tufvesson, O. Edfors, and F. Rusek, "Measured propagation characteristics for very-large MIMO at 2.6 GHz," *The 46th IEEE Annual Asilomar Conf. on Sig., Syst., and Comp.*, 2012.

[81] H. Y. Clayton Shepard, N. Anand, L. E. Li, T. Marzetta, R. Yang, and L. Zhong, "Argos : Practical many-antenna base stations," 2012.

[82] R. Rogalin, O.Y. Bursalioglu, H.C. Papadopoulos, G. Caire, and A.F. Molisch, "Hardware-impairment compensation for enabling distributed large-scale mimo," in *Proc. ITA Workshop*, San Diego, CA, USA, 2013.

[83] Lu Zhang, Lin Yang, and Tao Yang, "Cognitive interference management for lte-a femtocells with distributed carrier selection," in *72nd Vehicular Technology Conference Fall, IEEE VTC 2010*, pp. 1–5.

[84] Marco Maso, Leonardo S Cardoso, Mérouane Debbah, and Lorenzo Vangelista, "Cognitive orthogonal precoder for two-tiered networks deployment," *arXiv preprint arXiv :1302.4786*, 2013.

[85] Toni Janevski, "5g mobile phone concept," in *Consumer Communications and Networking Conference (CCNC). 6th IEEE*, 2009, pp. 1–2.

[86] Li-Chun Wang and Suresh Rangapillai, "A survey on green 5g cellular networks," in *Signal Processing and Communications (SPCOM), IEEE International Conference on*, 2012, pp. 1–5.

[87] A. Gohil, Hardik Modi, and Shobhit K. Patel, "5g technology of mobile communication : A survey," .

[88] Zhouyue Pi and Farooq Khan, "An introduction to millimeter-wave mobile broadband systems," *IEEE Com. Mag.*, vol. 49, no. 6, pp. 101–107, 2011.

[89] F. Khan, Z. Pi, and S. Rajagopal, "Millimeter-wave mobile broadband with large scale spatial processing for 5g mobile communication," in *Communication, Control, and Computing, 50th Annual Allerton IEEE Conf. on*, 2012, pp. 1517–1523.

[90] S. Rajagopal, S. Abu-Surra, Z. Pi, and F. Khan, "Antenna array design for multi-gbps mm-wave mobile broadband communication," in *IEEE Global Telecommunications Conference (GLOBECOM)*, 2011, pp. 1–6.

[91] K. B. Petersen and M. S. Pedersen, *The matrix cookbook*, Tech. Univ. of Denmark, 2008.

[92] 3GPP, "Technical specification 3rd generation partnership project ; technical specification group radio access network ; evolved universal terrestrial radio access (e-utra) ; physical layer procedures (release 10)," *3GPP TS 36.213 V10.0.0 (2010-12)*.

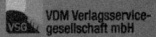

FSC
www.fsc.org
MIX
Papier | Fördert
gute Waldnutzung
FSC® C083411

Zeitfracht Medien GmbH
Ferdinand-Jühlke-Straße 7
99095 Erfurt, Deutschland
produktsicherheit@kolibri360.de

Druck:
CPI Druckdienstleistungen GmbH
im Auftrag der
Zeitfracht Medien GmbH
Ein Unternehmen der Zeitfracht - Gruppe
Ferdinand-Jühlke-Str. 7
99095 Erfurt